工程机械底盘
典型故障判断与排除

主　编　张　明　吴立辉　张凯凯

副主编　公丕平　刘鲁宁　崔　静
　　　　张超省

编　写　闫媛媛　孙剑男

中国矿业大学出版社

内 容 提 要

掌握工程机械底盘的结构和原理是学好、用好工程机械的重要环节。本书在编写过程中,主要以实践教学和实用性为目的,以提升能力为本位,注重知识的应用性、可操作性,在内容的组织上也是突出了适应性、实用性和针对性。本书主要介绍了工程机械底盘的主要结构、工作原理以及常见故障的判断与排除。全书共10章,主要包括概述、离合器、变矩器、变速器、万向传动装置、轮胎式机械驱动桥、履带式机械驱动桥、转向系、制动系和行驶系等内容。

图书在版编目(C I P)数据

工程机械底盘典型故障判断与排除 /张明,吴立辉,

张凯凯主编. —徐州:中国矿业大学出版社,2019.7

ISBN 978 - 7 - 5646 - 4504 - 5

Ⅰ.①工…　Ⅱ.①张…②吴…③张…　Ⅲ.①工程机械-底

盘—故障诊断—高等学校—教材②工程机械—底盘—故障

修复—高等学校—教材　Ⅳ.①TU603

中国版本图书馆 CIP 数据核字(2019)第152366号

书　　名	工程机械底盘典型故障判断与排除
主　　编	张　明　吴立辉　张凯凯
责任编辑	何晓明　孙建波
出版发行	中国矿业大学出版社有限责任公司
	(江苏省徐州市解放南路　邮编221008)
营销热线	(0516)83884103　83885105
出版服务	(0516)83995789　83884920
网　　址	http://www.cumtp.com　E-mail:cumtpvip@cumtp.com
印　　刷	江苏凤凰数码印务有限公司
开　　本	787 mm×1092 mm　1/16　印张 8.25　字数 180 千字
版次印次	2019 年 7 月第 1 版　2019 年 7 月第 1 次印刷
定　　价	24.00 元

(图书出现印装质量问题,本社负责调换)

前　言

工程机械在我国交通运输、道路施工、能源开发等多项大型建设施工中起着十分重要的作用。经过多年发展,我国工程机械的性能得到了完善和提升,掌握工程机械的结构原理是运用好工程机械的前提。其中,掌握工程机械底盘的结构和原理是学好、用好工程机械的重要环节。本书在编写过程中,主要以实践教学和实用性为目的,以提升能力为本位,注重知识的应用性、可操作性,在内容的组织上突出了适应性、实用性和针对性。

本书主要介绍了工程机械底盘的主要结构、工作原理以及常见故障的判断与排除。全书共 10 章,主要包括概述、离合器、变矩器、变速器、万向传动装置、轮式机械驱动桥、履带式机械驱动桥、转向系、制动系和行驶系等内容。

本书由陆军工程大学训练基地张明、吴立辉、张凯凯主编,在编写过程中,参阅了大量最新的相关文献,在此,编者对原作者表示真诚的谢意!

由于编写时间仓促,编者水平有限,书中难免有不足之处,恳请读者批评指正。

主　编

2019 年 3 月

目 录

第1章 概 述

1.1 工程机械概念

工程机械是能源、交通、水电、城乡建设和国防工程等各部门重要的技术装备,是用于工程施工的各类机械的统称。工程机械设计制造水平的高低、产品质量的优劣,直接体现和影响着国民经济建设和军队现代化建设水平。

工程机械的用途主要是用于施工和作业,这是两个不同的概念。施工是指工程机械在各种建筑工程中进行作业,工程完成了,作业就结束了,工程机械也就完成了任务。例如在进行高速公路施工过程中,就需要用到相应的工程机械(压路机、平地机等),当高速公路修好后,大部分工程机械就完成了当前任务,可以离开现场,除了少数对公路进行维护保养需要的工程机械继续作业外,其他工程机械不必继续留在现场。在这种状况下进行的作业称为工程机械的施工。作业是指工程机械在工业生产过程中,不停地进行相关工作,如装载机将矿石运输到运输车上、推土机进行散落的矿石收集等。这种状况下,工程机械在周而复始地做着重复的工作,这就叫作工程机械的作业。

1.2 工程机械分类

工程机械有自行式和固定式两种形式,自行式机械根据其行驶机构的不同划分为轮胎式机械和履带式机械两大类。根据国家行业标准《建筑机械与设备产品分类及型号》(JG/T 5093—1997),将工程机械分为以下 19 种:

(1)挖掘机械:包括单斗挖掘机、多斗挖掘机、特殊用途挖掘机、挖掘装载机、多斗挖沟机、掘进机等。

(2)建筑起重机械:包括塔式起重机、轮胎式起重机、履带式起重机、卷扬机、施工升降机、桥式起重机等。

（3）铲土运输机械：包括推土机、装载机、铲运机、平地机、自卸车等。

（4）桩工机械：包括打桩机、压桩机、钻孔机等。

（5）压实机械：包括压路机、夯实机械等。

（6）路面机械：包括拌和机械、路面养护机械等。

（7）混凝土机械：包括混凝土搅拌机、搅拌站、混凝土搅拌运输车、混凝土振动器、混凝土泵、喷射机等。

（8）混凝土制品机械：包括混凝土切块成形机、混凝土切块生产成套设备、混凝土空心板成形机、混凝土构件生产设备等。

（9）钢筋和钢筋预紧应力机械：包括钢筋强化机械、钢筋加工机械、钢筋连接机械、钢筋预应力机械等。

（10）高空作业机械：包括高空作业车和高空作业平台等。

（11）装修机械：包括灰浆制备机喷涂机械、涂料喷刷机械、油漆制备及喷涂机械、地面修整机械、层面装修机械、高处作业吊篮等。

（12）市政机械：包括管道施工设备、管道疏通机械、电杆埋架机械、电线架设机械等。

（13）环境卫生机械：包括扫路机、清洗机、磨刮机、垃圾车、洒水车、厕所车、垃圾中转站设备等。

（14）园林机械：包括种子撒播机、苗木移植机、草皮移植机、植树挖穴机、树木移植机、运树车、喷雾机等。

（15）电梯：包括乘客电梯、载货电梯、客货电梯、病床电梯、住宅电梯、杂物电梯、观光电梯等。

（16）自动扶梯、自动人行道。

（17）垃圾处理设备：包括垃圾筛分机、垃圾破碎机、垃圾堆肥设备、垃圾焚烧设备、垃圾填埋设备等。

（18）门窗加工机械：包括门窗材料制备机械、门窗机械加工设备、门窗焊接机械等。

（19）其他：包括机械式停车设备、旋转设备、洗车场机械设备等。

1.3 工程机械组成

工程机械通常由动力装置、底盘、工作装置、电气系统等四部分组成。

（1）动力装置：为工程机械提供动力，并通过底盘的传动系统驱动工程机械行驶及工作装置工作。根据工程机械的工作特点，动力装置多为柴油发动机。

（2）底盘：接受动力装置的动力，使工程机械行驶或进行作业。底盘又是工程机械的基础和骨架，用于安装固定动力装置、工作装置以及各总成部件。

（3）工作装置：完成指定作业的装置，是工程机械类别的主要标志。工程机械因作业装置的不同可分为推土机、挖掘机、装载机、平路机、压路机等。

（4）电气系统：工程机械的辅助系统，如发动机上的电气设备、驾驶室的空调系统等。随着机电一体化技术的普及，电气系统的比重不断增加，功能不断拓展。

1.4 工程机械底盘概述

本书主要涉及自行式工程机械底盘，其主要由传动系、行驶系、转向系和制动系四部分组成。

1.4.1 传动系

动力装置和驱动轮之间的传动部件总称为传动系，传动系的作用是将动力装置输出的功率传给驱动轮，并将动力装置输出的动力加以变化，使之适应各种工况下机械行驶机构和工作装置的使用要求。

在轮胎式机械中，传动系主要由变矩器（主离合器）、变速器、传动轴、主传动装置、差速器及轮边减速器组成；在履带式机械中，传动系主要由变矩器（主离合器）、变速器、中央传动装置、转向制动器及侧传动装置组成。

工程机械传动系一般有机械式、液力或液压机械式、全液压式、电动轮式等几种类型，目前应用最多的是液力机械式和液压机械式两种。

1.4.1.1 液力机械式传动系

液力机械式传动系主要由变矩器、变速器、万向传动装置、驱动桥、轮边减速器等组成。在液力机械式传动系中，变速器多采用动力换挡的形式，并与变矩器共用一个液压系统。

采用液力机械式传动系的机械主要优点是：

（1）能适应外阻力的变化，在一定范围内自动无级地变速变扭，因而减少了变速器的挡数和换挡次数，减少变速时的功率损耗，从而提高了机械的平均行驶速度和作业效率。

（2）结构紧凑、重量轻；由于油液具有一定衰减振动、缓和冲击的能力，而使整个系统工作平稳。

（3）操作轻便、灵活，减轻了操作人员的劳动强度，有利于提高工程机械的作业率和作业质量。

液力机械传动的主要缺点是传动效率低，变矩器的最高效率通常只能达到 $80\% \sim 90\%$。由于液压元件加工精密、制造成本高及液压油泄漏等原因，而使得维修工作的难度较大。但是，由于液力机械传动的优点较为突出，目前在工程机械上已得到广泛应用。

1.4.1.2 液压机械式传动系

液压机械传动与液力机械传动有着相似的特点，液压机械式传动系主要由液压泵、液压马达、变速器、万向传动装置、驱动桥等组成。

液压机械式传动系的主要优点是：由于液压泵和马达为可分式结构，因此部件便于布置，为工程机械的设计带来极大方便；由马达直接驱动变速器，从而省去了离合器和变矩器等部件，结构更加简单；操纵简便、灵敏、准确；马达可反转，省去了变速器的倒挡设置；其传递效率较液力机械式有较大提高。但是，液压机械式传动系中的液压元件加工制造工艺要求较高，价格昂贵；液压系统中的控制元件结构较复杂，维修过程需用到专用工具，且对维修人员的专业素质要求较高，因此维修成本高昂。

1.4.2 转向系

工程机械在行驶或作业过程中，根据需要改变其行驶方向，转向系的作用是保证机械能够按操作人员需要改变行驶方向。

在轮胎式机械中，转向系由方向盘、转向器、转向传动机构等一系列部件组成。操纵方向盘可以使转向轮相对车架偏转一定角度，以改变机械的行驶方向。

在履带式机械中，转向系包括转向离合器和制动器，操纵转向离合器和制动器能使两侧履带产生不同的驱动力，从而改变机械的行驶方向。

1.4.3 制动系

制动系是指固定在与车轮或传动轴共同旋转的制动毂或制动盘上的摩擦材料，因承受外压力而产生摩擦作用。制动系的作用是使行驶中的机械减速或停车，并保证机械能长时间驻留原地。

在轮胎式机械中,制动系包括停车制动器、行车制动器及制动传动机构等。

在履带式机械中,没有专门的制动装置,而是利用转向制动装置进行制动。

1.4.4 行驶系

行驶系的作用是把机体支承在地面上,并通过行驶系中与地面接触的部件(车轮或履带)和地面的相互作用而产生驱动机械行驶的牵引力。

在轮胎式机械中,行驶系包括车架、车桥、悬架装置及车轮等。

在履带式机械中,主要包括行驶装置、悬架装置、车架等。

第2章 离 合 器

2.1 离合器概述

2.1.1 离合器的作用

工程机械传动系根据需要可在多处设置离合器,但设置的目的各不相同。有直接接合或分离发动机动力的主离合器,也有控制变矩器、变速器工作状态的锁紧离合器和换挡离合器,还有实现履带式机械转向的转向离合器。虽然安装位置不同,但离合器的主要作用可以总结为以下几点:

(1) 接合动力。可使传递的扭矩逐渐增加,保证动力平稳传递。

(2) 断开动力。根据需要可迅速断开动力,防止其他部件受到扭矩冲击。

(3) 传递动力。在超载时保护传动系其他部件,起到"保险"的作用。

2.1.2 离合器的分类

离合器按传递扭矩的方式不同可以分为摩擦式、液力式、电磁式和综合式等四种。由于摩擦式离合器具有结构简单、工作可靠的特点,所以在工程机械上得以广泛应用。

摩擦式离合器按摩擦表面的形状不同可以分为盘式、锥式、鼓式三种,其中工程机械普遍采用盘式离合器。

摩擦盘式离合器的分类方式如下:

(1) 根据摩擦盘的数目不同分为单盘式、双盘式和多盘式。

(2) 根据离合器不操作时的状态可分为常接合式和常分离式。

(3) 根据操纵机构形式的不同可分为液压操纵式和机械操纵式。两者的区别在于:前者由液压油提供离合器分离的动力,常用在变矩器、动力换挡变速器和履带式机械驱动桥内;后者则由人力通过机械元件提供离合器分离的动力,为了加大力量,同时又便于操纵,可在机械式离合器中设置液压助力装置。

（4）根据摩擦盘的工作条件不同可分为干式和湿式。干式离合器结构简单，制造成本较低，但使用寿命较短，故障发生率较高。湿式离合器由于摩擦盘在循环流动的油液中工作，使其能及时得到润滑和冷却，因而磨损小，使用寿命长。但摩擦表面的摩擦系数也因此减小，通常用增加压紧力的方法加以补偿。

2.2 离合器的结构组成及工作原理

2.2.1 离合器的结构组成

离合器不论其结构和形式怎样变化，基本原理是相同的，即靠摩擦表面产生的摩擦力来传递扭矩，其结构一般都是由主动部分、从动部分、松放加压部分、操纵部分等组成。其核心部件是构成摩擦副的主、从动摩擦盘和提供正压力的压紧机构，它们是影响离合器传递扭矩的主要部件。下面以单盘干式机械操纵的离合器为例介绍其结构和基本原理，如图 2-1 所示。

离合器主动部分主要由主动盘 5、压盘 2 和离合器盖 6 等零件组成，主动盘 5 与输入轴 4 通过螺钉固定相连，离合器盖 6 同样通过螺钉与主动盘 5 相连，压盘 2 与离合器盖 6 通过传动片连接，这样压盘既能随离合器盖一起旋转，又能相对于离合器盖轴向移动。从动部分主要由从动盘 3、输出轴 9 等零件组成，从动盘 3 位于主动盘 5 和压盘 2 之间，其两侧铆接摩擦片，摩擦片表面分别与主动盘和压盘的表面形成摩擦副，从动盘中心位置制成带花键的通孔，并与输出轴 9 的花键相配合，既能带动输出轴旋转，又能在轴上移动。从动轴左端由轴承支撑在输入轴的中心孔内；右端与后面的部件连接，并将动力向后传递。

加压松放部分主要由压紧弹簧 1、分离杠杆 7 等组成，用于操纵离合器接合或分离。压紧弹簧 1 安装于离合器盖 6 和压盘 2 之间，并具有一定的预压紧力，将压盘 2 和从动盘 3 压紧在主动盘 5 上，使三者可以在相互之间的摩擦力作用下共同旋转。分离杠杆 7 共有四组，沿圆周方向均匀布置在离合器盖 6 上，并穿过离合器盖深入到压盘内部，当杠杆内端受到向左的压力时，其外端将带动压盘克服压紧弹簧弹力向右侧移动。

操纵部分主要由连杆 8、分离套筒 10 等组成，用于控制松放加压部分的

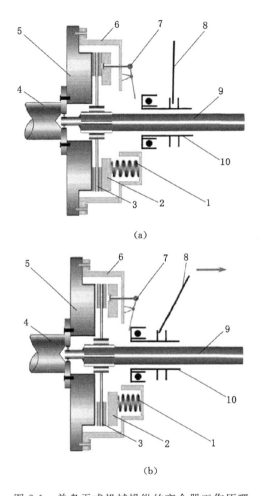

图 2-1　单盘干式机械操纵的离合器工作原理

（a）接合状态；（b）分离状态

1——压紧弹簧；2——压盘；3——从动盘；4——输入轴；5——主动盘；6——离合器盖；

7——分离杠杆；8——连杆；9——输出轴；10——分离套筒

动作。离合器中操纵部分的结构形式较为复杂,有机械式和液压式之分。在工程机械中采用液压式操纵的离合器应用较多,在后面的章节中将具体介绍。

2.2.2　离合器的工作原理

常接合式的离合器在接合状态时如图 2-1（a）所示,压盘 2 在压紧弹簧 1

作用下将从动盘 3 压在主动盘 5 的端面上,分离杠杆 7 内端位于右侧最高点。此时动力分为两路,一路由输入轴到主动盘再通过摩擦副传递给从动盘,另一路经主动盘到离合器盖到压盘再通过摩擦副传递给从动盘,两路动力合并后通过从动盘花键传递给从动轴再向后面的部件输出动力。

离合器分离时,如图 2-1(b)所示,分离杠杆 7 内端受推力向左摆动,其外端则带动压盘 2 一起向右移动,克服压紧弹簧 1 的压力,使压盘 2 与从动盘 3 分开,这样从动盘不再受压盘的压紧力作用,主动盘、从动盘及压盘三者之间产生间隙,摩擦力消失,从动部分也就不再随输入轴旋转,动力被切断,离合器处于分离状态。

离合器接合时,分离杠杆受到的外力消失,不再带动压盘,此时压紧弹簧伸长,并将压盘和从动盘压紧在主动盘端面,形成两个摩擦副,继续向后面部件传递动力。

当外界负载突然增大(如推土机在作业中撞到阻力较大的障碍物),扭矩超过传动系部件所能承担的极限值时,将造成零部件的损坏,此时的扭矩值也超过离合器所能承担的最大扭矩,使得从动盘与压盘、主动盘之间的两个摩擦副发生打滑,从而将负载的能量消耗掉,起到保护其他部件的作用。

根据力学的基本原理,离合器所能传递的最大摩擦扭矩(M_{max})与摩擦系数(μ)、压紧力(p)、摩擦盘有效半径(R)、摩擦副数量(K)成正比,可用下式表示:

$$M_{max} = \mu \cdot p \cdot R \cdot K$$

对于一个具体的离合器,摩擦盘的个数及大小是固定不变的,即摩擦盘有效半径和摩擦副数量是不会改变的。但摩擦系数、压紧力却会受到某些因素的影响而发生变化。例如,压紧弹簧压力过低,会使压紧力减小。因此,离合器使用和维修时,主要是保证摩擦系数和压紧力在正常的工作范围,消除不利影响,使离合器能可靠地传递动力。

2.3 离合器的常见故障分析

2.3.1 离合器打滑

2.3.1.1 故障现象

离合器打滑是指离合器处于接合状态时,不能将动力向后面的部件可靠地传递。离合器打滑的主要表现是:机械起步时缓慢无力;作业或上坡时感到动力不足;行驶中油门虽然很大,但行驶速度却不能相应提高。打滑严重时,离合器会散发出烧焦的臭味。

离合器打滑将导致所传递的扭矩及传动效率降低,机械克服阻力的能力下降,造成机械的使用性能恶化,不仅如此,离合器打滑还将加剧摩擦片与压盘、主动盘摩擦表面的磨损,降低离合器使用寿命。经常打滑的离合器还会产生较多的热量,烧伤压盘和摩擦片。摩擦片温度升高后摩擦系数将下降,会引起离合器进一步打滑。离合器长时间打滑所产生的高热可使摩擦片烧焦毁坏,引起离合器零件变形,压紧弹簧退火,润滑脂稀释外溢,造成轴承缺油和损坏等。

2.3.1.2　故障原因分析与排除

引起离合器打滑的原因有很多,根据离合器的结构和工作原理,主要可以归纳为以下几种:

(1) 压紧弹簧弹力不足或折断。

(2) 摩擦片及压盘磨损过多,使压紧弹簧自行伸长,造成压紧力减小。

(3) 液压式操纵的离合器油路部分压力不足。

(4) 摩擦片表面沾有减摩物质,如油污等。

(5) 摩擦片表面温度过高或烧蚀。

(6) 摩擦片表面长期使用产生硬化现象。

(7) 压盘变形翘曲、压紧力降低或摩擦片磨损过甚致使铆钉外露,摩擦面接触不良。

(8) 使用操作不当。使用操作不当也会引起离合器打滑,如离合器分离不迅速;大油门高挡位起步;低挡换高挡时,在行驶速度尚未增至足够高时即挂入高挡并猛加油;用突然加油的方法克服突然增加的阻力;使离合器处于半分离状态时间过长等都会引起离合器打滑。

总之,压紧力不足、摩擦表面摩擦系数降低、使用操作不当等都是导致离合器打滑的主要原因。

针对引起离合器打滑这种故障的各种情况,应该及时修复并予以排除,故障排除的方法步骤主要有:

(1) 经常性接合式的离合器,进行主离合器自由行程踏板的检查

离合器在接合状态下,测量分离轴承距离分离杠杆内端的间隙应不小于2~2.5 mm。将直尺放在踏板旁,先测出踏板完全放松时的最高位置的高度,

再测出踏板感到阻力时的高度,两者之间的高度即为踏板的自由行程。如果检查出自由踏板的自由行程为 0,应该查看分离杠杆内端是否在同一平面上,当个别分离杠杆调整不当或弯曲时,会影响踏板自由行程的检查,应该及时予以处理。

(2)非经常性接合式主离合器,检查杠杆最大压紧力

在机械工作时,如果出现离合器打滑的情况,扳动离合器操纵杆,手感很轻,则说明离合器打滑多是由于压紧机构的最大压紧力减小导致的,应该按照以下步骤进行调整:

① 将变速操纵杆置于空挡位置。

② 扳动离合器操纵杆,使其处于分离状态。

③ 拆下离合器罩,拨转加压杠杆的十字架,使其压紧螺钉处于易放松的位置。

④ 将变速操纵杆置于任一挡位,以阻止离合器轴的转动。

⑤ 放松夹紧螺钉,转动十字架,旋入则杠杆最大压紧力增加,旋出则减小,将离合器调整至机械全负荷工作时不打滑为止。

⑥ 调整完毕后拧紧螺钉。

(3)摩擦片的检查

摩擦片的检查主要按照以下步骤进行:

① 拆下离合器罩,观察离合器有无甩出油的迹象,如有则会使摩擦片的摩擦系数减小而引起离合器打滑。应该拆下离合器,用汽油或碱水清洗摩擦片上的油污,并加热至干燥状态。

② 如果摩擦片厚度小于规定值,或者摩擦片产生了烧焦并有破裂的现象,则应该更换摩擦片。

③ 如果摩擦片厚度足够,但是表面出现了硬化的现象,应该予以修磨,消除硬化层,并增加表面粗糙度。

(4)进行压紧弹簧的检查

如果经过上述检查和处理后,离合器打滑的现象还没有得到消除,则应该考虑是否是压紧弹簧弹力减少所致的。

2.3.2 离合器分离不彻底

2.3.2.1 故障现象

离合器分离不彻底是指离合器处于分离状态时,其主、从动部分摩擦力不

能彻底消除,不能完全切断动力。其主要表现是:发动机怠速运转时,离合器处于分离状态,挂挡感到困难,变速器齿轮有撞击声;挂挡后,不接合离合器,机械行走或发动机熄火。

离合器分离不彻底将使变速器挂挡困难,产生齿轮撞击,损坏齿端;同时将加速压盘及摩擦片摩擦表面的磨损,引起离合器发热等。

2.3.2.2　故障原因分析与排除

引起离合器分离不彻底的原因有很多,根据离合器的结构和工作原理,主要可以归纳为以下几种:

（1）离合器调整不当

离合器调整不当主要体现在两个方面:一是离合器分离时压盘分离行程不足;二是离合器新摩擦片过厚,会造成离合器分离不彻底。

（2）主、从动盘翘曲、变形,摩擦片松动

主、从动盘出现翘曲或变形严重,以及摩擦片松动时,主、从动部分仍然存在接触,其摩擦力不能完全消除。

（3）从动盘轴向移动不灵活

当从动盘与离合器轴花键配合过紧、锈蚀、脏物进入后出现卡滞等,都会使离合器分离不彻底。

（4）压紧机构回位失效

液压操纵式离合器,若压紧活塞回位发生卡滞、油路回油不畅等,均会造成离合器分离不彻底。压紧弹簧弹力不一致或折断时,造成压盘上压力不均引起压盘倾斜,使动力不能彻底切断。

针对上述离合器分离不彻底的现象及原因,应该及时进行检查和修复。

非经常性接合的离合器分离不彻底故障排除方法步骤:

（1）检查踏板自由行程。若自由行程过大,可能会引起离合器分离不彻底,应该及时调整修复。

（2）检查分离杠杆内端。观察分离杠杆内端的高度是否在同一平面上,如果出现高低不一的情况,应该及时调整。

（3）双片式离合器限位螺钉的检查。检查离合器限位螺钉端头距离中间压盘的位置是否符合规定,如果不符合则应该及时调整。

（4）检查离合器摩擦衬片的厚度。离合器新换摩擦衬片后分离不彻底,可能是由于摩擦衬片过厚所致,应该及时调整。

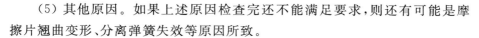

（5）其他原因。如果上述原因检查完还不能满足要求，则还有可能是摩擦片翘曲变形、分离弹簧失效等原因所致。

2.3.3 离合器发抖

2.3.3.1 故障现象

当主离合器按正常操纵平缓接合时，机械不能平稳地逐渐增速起步，而是产生时停时启动的状态，这种间隔性的起步会导致车辆发抖，当离合器完全接合后，抖动就会消失，车辆即可正常行驶。离合器在起步时产生的这种现象称为离合器发抖。离合器发抖的情况会导致机械操纵的舒适性下降，而且可能会使传动系零部件产生附加的载荷冲击。

2.3.3.2 故障原因分析与排除

离合器发抖的根本原因是主、从动盘之间的压力分布不均匀，离合器接合时压力增加不连续，因而会使离合器所传递的转矩时而大于、时而小于机械的阻力矩，导致离合器轴断续地转动，从而引起机械起步困难。综合分析离合器发抖的原因，可以归纳成以下三个主要方面的原因：

（1）主、从动盘正压力分布不均匀导致。非经常性接合式的离合器加压爪一般分为三组以上，磨损、修理和装配的原因会使各压力爪状态不一致。在离合器接合的过程中，各压力爪的压紧力大小不一样，使离合器压盘各压力处压力不均，甚至产生歪斜，造成转矩增加不平稳，从而引起离合器发抖。经常接合式的离合器各压紧弹簧技术状态不同或各分离杠杆调整不一致时，也会使压盘各处压力不一致。

（2）从动盘翘曲、歪斜和变形引起的发抖。从动盘本身有翘曲、歪斜和变形时，会使离合器在接合过程中产生不规则的接触，压力增加也不平稳。

（3）其他原因。除了上述两个主要方面的原因外，离合器后从动盘铆接松动、从动盘钢片断裂、转动件不平衡等，均会导致离合器发抖。

针对上述分析的离合器发抖可能产生的原因，进行离合器发抖故障的判断和排除，具体排除的方法有以下几种：

（1）检查分离杠杆内端和分离轴承的间隙是否一致。如果不一致，说明分离杠杆内端不在同一平面内，应进行调整。相反，可以检查发动机前后支架及变速箱的固定情况，如果以上检查均正常，说明离合器发抖的原因可能是由于机件变形或平面误差过大导致的，应分解离合器后进行检查测量。

（2）从动盘的检查。从动盘摩擦片的端面应不大于 0.8 mm，平面度约 1

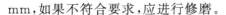

mm,如果不符合要求,应进行修磨。

（3）压紧弹簧的检查。将压紧弹簧拆下,在弹簧弹力检查仪上检测其弹力是否一致,也可以测量弹簧的高度进行比较。如果弹簧的自由度长度不一致,则其弹力肯定也不一样,应该进行更换。

2.3.4 离合器异响

2.3.4.1 故障现象

离合器工作过程中产生的不正常的响声称为离合器异响。离合器异响产生时多发生在离合器接合与分离的过程中以及发动机转速变化过程中。由于离合器响声多是离合器零件之间不正常摩擦或碰撞产生的,故响声比较清脆。但是由于产生异响的具体原因不同,其响声也不太一样。

2.3.4.2 故障原因分析与排除

根据响声性质不同,产生的响声条件也不同,可以判断响声产生部位及响声产生的原因。常见的离合器异响原因有以下几种:

（1）离合器轴承异响:当缓慢接合离合器至分离轴承刚刚承受推力时,假如听到"沙沙沙"的响声,则可确定为分离轴承发响。分离轴承发响主要是分离轴承松动所致。而分离轴承松动大多是长时间缺油和磨损的结果,如果响声较大或有零乱的"嘎吱嘎吱"声,则表明轴承磨损严重或损坏。

（2）从动盘异响的原因:当离合器刚一接合时,产生"咯噔咯噔"的响声,而在离合器接近完全分离或低速工况下转速变化时,产生"嘎啦嘎啦"的响声,则可能是从动盘毂铆接松动或从动盘与离合器轴间花键松动,在转速或转矩变化时零件间撞击所导致的。

（3）主动盘异响:主动盘产生异响多是由于主动盘和传动销之间的间隙过大,在离合器分离时或低速行驶时,主动盘轴向摆动撞击零件而导致的。

（4）其他原因:除了上述三个主要的原因外,离合器异响可能还有其他方面的原因引起的。经常接合式离合器分离轴承发卡时,在分离过程中会产生分离杠杆与轴承推力摩擦声,分离杠杆与销轴、窗口间、压爪与销轴面可能间隙过大,在离合器刚一接合时或者完全分离时,产生轻微撞击声。非经常接合式离合器分离滑套与离合器轴间松动或各铰链之间间隙过大时,在离合器接合时松放圈会因分离滑套的摆动而产生纵向振动异响声,离合器从动盘钢片断裂、破碎时,在工程机械起步时就会有响声出现。

第 3 章 变 矩 器

液体在运动中所具有的能量一般有三种形式,即动能、压力能、势能。液压传动是依靠液体压力能的变化传递动力的,用以完成液压传动的部件称为液压元件,主要有液压泵、液压缸、液压马达、液压控制阀等。液力传动是依靠液体动能的变化传递动力的,用以完成液力传动的部件称为液力元件,主要有液力偶合器和液力变矩器两种,在工程机械中使用较多的是液力变矩器,简称变矩器。

3.1 变矩器概述

3.1.1 变矩器的作用

液力传动与传统的机械传动相比,具有明显的优越性:

(1) 具有良好的自动适应性能。变矩器具有自动变矩、变速特性。变矩器的涡轮力矩能随外载荷力矩增加而自动增加,同时转速降低;载荷力矩减小时,涡轮力矩自动减小,同时其转速自动增加。因此,既保证了发动机能经常在额定工况下工作,又避免了发动机因外载荷突然增大而熄火,同时也满足了机械工作状况的要求。

(2) 具有无级调速性能。在机械外负载特性不变的情况下,可以通过改变动力输出的特性来无级地调节机械的行驶速度。

(3) 提高机械使用寿命。由于传动的工作介质是液体,不仅泵轮和涡轮之间无直接的机械接触而不致磨损,而且能吸收来自发动机和机械传动系统的振动,因而可提高工程机械的使用寿命,这对于经常处于恶劣环境下工作的各类工程机械尤为重要。

(4) 提高机械的通过性能。液力传动具有良好、稳定的低速性能,可提高工程机械在软路面,如泥泞地、沙地、雪地等复杂路面的通过性。

(5) 简化机械操作。变矩器本身就是一个无级自动变速器,可以减少变速器挡位数,有效地减少操纵,易于实现简化和自动操纵,减轻操作人员的劳动强度,提高安全行驶的能力。

(6)提高机械的舒适性。液力传动具有良好的自动适应能力和减振作用,可使工程机械平稳起步,加速迅速而且均匀,从而提高了工程机械的舒适性。

(7)限矩保护功能。在一定的泵轮转速下,泵轮、涡轮及导轮的力矩只能在一定的范围内随着工况而改变,如果外载荷力矩超过涡轮力矩,各个叶轮的力矩不会超过其固有的变化范围,从而保护工作轮不致损坏。

3.1.2 变矩器的分类

(1)正转与反转

如图 3-1 所示,按照泵轮 1、涡轮 2 和导轮 3 在油液循环圆中的排列顺序不同,变矩器可分为 123 型和 132 型。

123 型变矩器如图 3-1(a)所示,油液在腔体内的流向为泵轮 1→涡轮 2→导轮 3,此时变矩器输入轴和输出轴的旋转方向一致,故也称为正转型。目前工程机械上多采用这种形式。

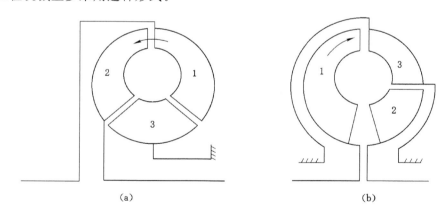

(a)   (b)

图 3-1 变矩器简图

(a)123 型变矩器;(b)132 型变矩器

1——泵轮;2——涡轮;3——导轮

132 型变矩器如图 3-1(b)所示,油液在腔体内的流向为泵轮 1→导轮 3→涡轮 2,此时变矩器输入轴和输出轴的旋转方向相反,故也称为反转型。

(2)级数

变矩器的级数是指设置在泵轮与导轮之间或导轮与导轮之间且刚性连接

在一起的涡轮叶片的叶栅个数,如图 3-2 所示。

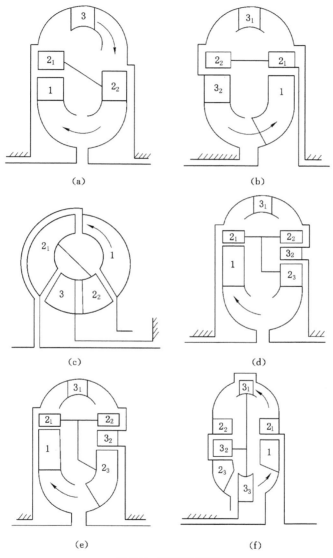

图 3-2　变矩器简图

（a）、（b）、（c）二级变矩器；（d）、（e）、（f）三级变矩器

1——泵轮；2_1——第一列涡轮叶栅；2_2——第二列涡轮叶栅；2_3——第三列涡轮叶栅；

3_1——第一列导轮叶栅；3_2——第二列导轮叶栅；3_3——第三列导轮叶栅

　　有些变矩器虽然涡轮个数是两个甚至两个以上,但并非安装在泵轮与导轮之间或导轮与导轮之间,或涡轮的各叶栅之间并非刚性连接,所以仍为单级变矩器。

　　(3) 相数

　　变矩器中各工作轮不同的组合而出现的工作状况的数目即为变矩器的相数,据此变矩器可分为单相、双相、三相等,如图 3-3 所示。

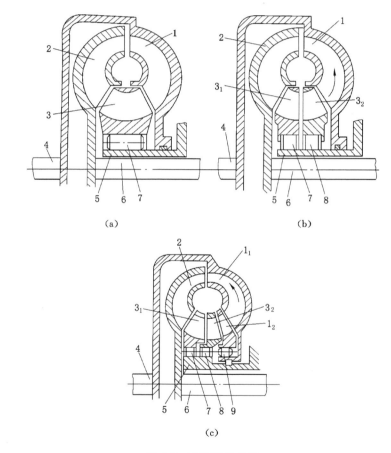

(a)　　　　　　　　　　　　(b)

(c)

图 3-3　变矩器的分类

(a) 双相变矩器;(b) 三相变矩器;(c) 多相变矩器

1——泵轮;1_1——第一泵轮;1_2——第二泵轮;2——涡轮;3——第一导轮;3_1——第一导轮;

3_2——第二导轮;4——主动轴;5——导轮座(壳体);6——从动轴;7,8——单向离合器;

9——超越离合器

（4）涡轮的形式

涡轮的形式有向心式、离心式和轴流式三种。向心式变矩器涡轮中,液流从周边流向中心;离心式变矩器涡轮内,液流从中心流向周边;轴流式变矩器涡轮内,液流做轴向流动。

（5）工作轮的个数

简单变矩器是由一个泵轮、一个涡轮和一个导轮组成的,而有的变矩器会根据工程机械各种工况的实际需要设置两个或两个以上的泵轮、涡轮和导轮。

3.2 变矩器的结构组成

3.2.1 变矩器的基本结构组成

液力传动的基本原理可以通过一组由离心泵、涡轮机构成的简单系统来加以说明,如图 3-4 所示。发动机带动离心泵旋转,离心泵从液槽中吸入液体,并带动液体旋转。旋转的液体在离心力的作用下以一定的速度进入导管。从离心泵排出的高速液体经导管冲击在涡轮机的叶片上,使涡轮转动,涡轮轴带动负载做功。流过涡轮的液体速度减小并改变方向后经导管回流至液槽,如此循环往复。在以上过程中,离心泵将发动机的机械能转换为液体的动能,涡轮机接收液体动能并将其转换为机械能由涡轮轴输出给负载。

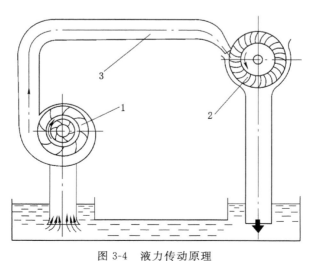

图 3-4 液力传动原理

1——离心泵;2——涡轮机;3——导管

变矩器就是由离心泵-涡轮机组的结构演化而来的,其中离心泵对应的是变矩器的泵轮,以 B 表示;涡轮机对应的是变矩器的涡轮,以 T 表示;导管则对应的是泵轮与涡轮之间的导流部件(即导轮),以 D 表示。假如变矩器中只有泵轮和涡轮而没有导轮,则此时变矩器转变为耦合器。因此,一个简单变矩器主要由三个具有一定弯曲角度的叶片的工作轮(即泵轮、涡轮、导轮)构成,如图 3-5 所示,泵轮与发动机相连,接受发动机的动力,并将机械能转化为液体动能;涡轮与负载相连,将液体动能转化为机械能输出给负载;导轮与机体固定连接,主要作用是改变液体流动方向以及对涡轮产生反作用力。三个工作轮共同形成环形内腔,腔内充满工作油液。

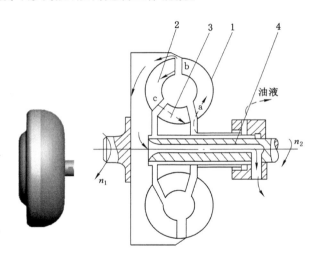

图 3-5　变矩器简图

1——泵轮;2——涡轮;3——导轮;4——涡轮轴

如图 3-5 所示,当泵轮旋转时,工作油液自泵轮 a 端进入泵轮叶片间的通道,自 b 端甩出,冲向涡轮叶片,使涡轮转动,油液从涡轮的 c 端流出后,经导轮再进入泵轮的 a 端,并以这样的顺序进行循环。

3.2.2　变矩器的特性分析

从能量转换的角度看,变矩器的泵轮是将内燃机曲轴输出的机械能转换成工作液体的动能,具有一定动量的工作液体再去冲击涡轮,使涡轮旋转,液体的动能又转换成机械能,自涡轮轴输出。导轮由于固定不动,因此没有能量输出。

从力学的角度看,如果把变矩器的泵轮、涡轮和导轮以及其中的工作油液视为一个独立的体系加以分析,所受的外力共有三个:一是发动机对泵轮的驱动力矩 M_1;二是外部载荷对涡轮施加的阻力矩 M_2;三是机体对导轮的反力矩 M_3。工作油液对泵轮、涡轮和导轮的作用力是内力,如果将空气的阻力和各个零件的摩擦力忽略不计,根据力矩平衡原理,可以得出:

$$M_1 + M_2 + M_3 = 0$$

由于在多数情况下 $M_3 \neq 0$,所以 M_1 与 M_2 在数值上是不相等的,也就引起了扭矩的改变,变矩器由此得名。

从力矩与转速的关系上看,机体对导轮的反力矩 M_3 是随着涡轮转速的降低而增加的,而涡轮的转速又是随着作用在涡轮轴上的外载荷的增加而降低的。因此,当外载荷增加时,机体对导轮的反力矩 M_3 增大,在发动机的驱动力矩 M_1 保持不变的情况下,扩大了发动机的力矩范围,使变矩器随着外载荷的增大而输出力矩也自动增大;随着外载荷的减小,输出力矩也自动减小;由于输出力矩增大时输出转速降低,而输出力矩减小时输出转速增高,因此,无论外载荷怎么变化,发动机对变矩器的输入功率却基本不变。

从运动的角度看,如果油液按照泵轮→涡轮→导轮的顺序循环,则泵轮转速大于涡轮转速且两者转向保持一致。工作油液在泵轮、涡轮和导轮组成的腔体内,随着泵轮叶片的转动做牵连运动,离心力的作用使其在腔体中沿着泵轮、涡轮和导轮叶片方向由泵轮流向涡轮,再由涡轮流回导轮,其轨迹为不规则的圆周螺旋。

变矩器的工作轮有着固定的连接,即泵轮与发动机相连、涡轮与负载相连、导轮与机体相连,固定不动。工作轮一旦脱离了原有的连接,也就丧失了变矩器的作用。

3.2.2.1 特性参数

(1)变矩比 k

变矩比 k 为涡轮的力矩 M_T 与泵轮上的力矩 M_B 之比,即:

$$k = M_T / M_B$$

当涡轮转速 $n_T = 0$ 时的变矩比称为启动变矩比,以 k_0 表示。k_0 越大,说明机械的加速性能越好。对于牵引机械而言,在附着力允许的条件下,k_0 越大,则机械在起步工况下牵引力越大。

（2）传动比 i

涡轮转速 n_T 与泵轮转速 n_B 之比称为传动比，即：

$$i = n_T/n_B < 1$$

变矩器的传动比与机械系统传动比 i 的定义完全相反。机械系统传动中的传动比 i 为输入轴转速与输出轴转速之比。

（3）传动效率 η

涡轮轴的输出功率 N_T 与泵轮轴上的输入功率 N_B 之比称为传动效率，即：

$$\eta = N_T/N_B = (M_T/M_B) \times (n_T/n_B) = k \times i$$

3.2.2.2 外特性曲线

外特性即外部特性的简称。对于传动元件来说，外部特性有输入特性和输出特性两种，以下介绍的是输出特性。

外特性曲线是在泵轮转速不变、工作油液一定的前提下，所得到的泵轮力矩 M_B、涡轮力矩 M_T 以及变矩器效率 η 与涡轮转速的关系曲线，即用 $M_B = f(n_T)$ 和 $M_T = f(n_T)$ 及 $\eta = f(n_T)$ 来表示变矩器的性能。从图 3-6 中可以得到以下几点结论：

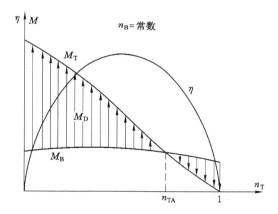

图 3-6 变矩器外特性曲线

（1）随着涡轮转速 n_T 的提高，涡轮力矩 M_T 逐渐减小。在 $n_T = 0$ 时，涡轮力矩最大，其数值数倍于泵轮力矩 M_B。

（2）在 $n_T < n_{TA}$ 时，M_D 方向向上是正值，$M_T = M_B + M_D$，亦即 $M_T > M_B$；

随着 n_T 增大，M_D 逐渐减小，当 $n_T = n_{TA}$ 时 $M_D = 0$，此时 $M_T = M_B$；在 $n_T >$ n_{TA} 时，M_D 方向向下是负值，此时 $M_T < M_B$。

（3）对于泵轮，在涡轮转速 n_T 变化过程中，力矩 M_B 基本保持不变。

（4）变矩器效率在涡轮转速 n_T 变化范围内，最高效率出现一次。在 $n_T = 0$ 和 $n_T = n_{max}$ 时，效率为 0，没有功率输出。

3.2.3　ZL50 型装载机变矩器

ZL50 型装载机变矩器与 ZL50G 型装载机变矩器结构相同，均采用单级双相双涡轮变矩器。通过两个涡轮单独工作或共同工作，可使机械在重载低速工况时效率提高，减少变速器的挡位设置，简化了变速器的结构。其特性比较适合装载机的作业需要，所以，目前国产 ZL 系列装载机大多采用这种形式的变矩器。该变矩器的结构具有一定的代表性，本书将结合该变矩器进行结构和工作原理的介绍。

3.2.3.1　结构组成

如图 3-7 所示，双涡轮变矩器主要由飞轮 1、第一涡轮 6、第二涡轮 8 及导轮 9 组成。由于两个涡轮相邻而置，所以该变矩器仍为单级。

壳体左端与柴油机飞轮壳相连接，右端与变速器箱体固定。

飞轮 1 与变矩器盖 3 用螺栓固定，变矩器盖 3 轴端支承在飞轮 1 中心孔内，通过弹性盘 5 与飞轮 1 连接成一体，与柴油机一起转动。液压泵驱动齿轮 12 与泵轮 10 固定，用以驱动各个液压泵，拖启动时，也通过它带动柴油机旋转。

第一涡轮 6 用弹性销与涡轮罩铆接固定并以花键套装在第一涡轮轴 15 上，轴的左、右两端分别支承在变矩器盖 3 内和变速器中。轴的右端制有齿轮，并与超越离合器外环齿轮 18 啮合，通过超越离合器有选择地将第一涡轮轴上的动力输入变速器。

超越离合器也称为单向离合器，能起以下两种作用：

（1）单向传动：将扭矩从主动件单方向地传递给从动件，而且可以根据主动件和从动件转速的不同，自动地接合或分离。

（2）单向锁定：能将某一元件单向地加以锁定，而且可以根据两个元件之间受力的不同而自动地予以锁定或分离。

图 3-8 的下半部分为超越离合器的工作原理示意图。其原理是：超越离合器的外环 7 和齿轮 z_2 固定在一起，其内环凸轮 8 和齿轮 z_4 固定在一起，内

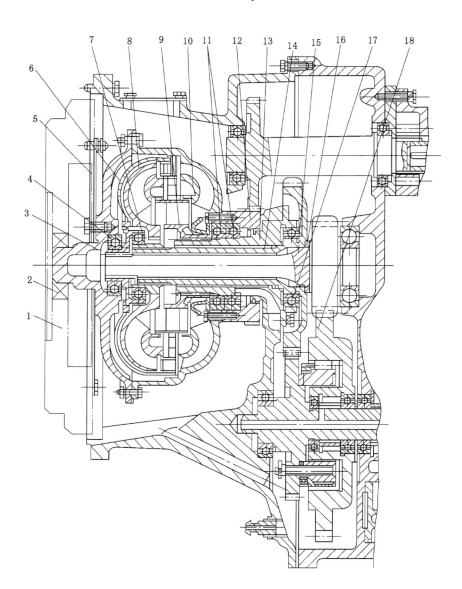

图 3-7　ZL50 型装载机变矩器

1——飞轮;2,4,7,11,17,19——轴承;3——变矩器盖;5——弹性盘;6——第一涡轮;

8——第二涡轮;9,13——导轮;10——泵轮;12——驱动齿轮;14——第二涡轮轴;

15——第一涡轮轴;16——密封环;18——超越离合器外环齿轮

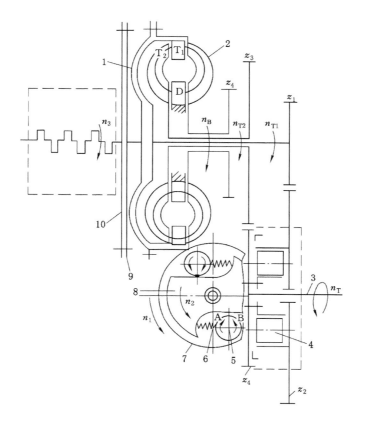

图 3-8 ZL50 型装载机变矩器工作原理

1——变矩器盖;2——工作腔;3——输出轴;4——超越离合器;5——滚柱;6——弹簧;

7——外环;8——内环凸轮;9——弹性板;10——飞轮

环凸轮上铣有斜面齿槽故称凸轮,齿槽中装有滚柱 5,它在弹簧 6 的作用下与内环凸轮斜面齿槽、外环的滚道面相接触。若内环和输出轴齿轮 z_4 一起沿箭头方向转动,并且内环转速 n_2 大于外环(和齿轮 z_2 一起)的转速 n_1,超越离合器中的滚柱与外环的接触点处作用一摩擦力,该力企图使滚柱沿图中箭头 A 的方向转动,同时在滚柱与内环斜面的接触点处亦有摩擦力。该力企图阻止滚柱的转动,这样滚柱就朝着压缩弹簧的方向滚动而离开楔紧面,内、外环之间不能传递扭矩,超越离合器分离。若外环转速 n_1 大于内环转速 n_2,外环作用在滚柱上的摩擦力企图使滚柱沿图中箭头 B 的方向转动,而滚柱与内环斜面的接触点处仍有阻止滚柱转动的摩擦力。这样滚柱就朝弹簧伸长的方向滚动,并楔入外环与内环的斜面之间,超越离合器楔紧,内、外环共同转动输出动力,离合器接合。

第二涡轮以花键套装在第二涡轮的套管轴上,套管轴上制有齿轮,将第二涡轮上的动力通过超越离合器输入变速器,轴的左、右两端分别支承在第一涡轮轮毂和导轮套管轴内。

导轮通过花键与导轮座相连,导轮座与变矩器壳体固定,并作为泵轮的右端支承,其花键部位还装有导油环,并用弹簧挡圈限位。

3.2.3.2 工作原理

ZL50 型装载机变矩器的工作原理如图 3-8 所示。

由四个工作轮组成的变矩器工作腔内充满液压油。泵轮 B 通过弹性连接盘、变矩器盖与柴油机飞轮一起以 n_B 的速度转动,接受柴油机飞轮输出的机械能,并将其转换为油液的动能。高速运动的油液按图示方向冲击涡轮,第一涡轮 T_1、第二涡轮 T_2 吸收液流的动能并还原为机械能,分别以 n_{T1} 和 n_{T2} 的速度旋转。第一涡轮的动力通过齿轮 z_1 和 z_2 的啮合传送给超越离合器外环;第二涡轮的动力通过齿轮 z_3、z_4 的啮合传给超越离合器输出轴并输出到变速器。导轮 D 与壳体相连固定不动,液流冲击导轮叶片时,在叶片的导向作用下,液流方向回偏,使涡轮输出的力矩值改变。

变矩器工作时,第一、第二涡轮转速基本相同,但当装载机处于高速轻载工况时,齿轮 z_4(亦即内环凸轮)的转速 n_2 高于外环齿轮 z_2 的转速 n_1,外环齿轮 z_2 空转,涡轮 T_1 丧失了工作轮的作用,无动力输出。此时,仅涡轮 T_2 单独工作,整体输出扭矩较小。

当装载机处于低速重载工况时,外载荷迫使齿轮 z_4 的转速 n_2 下降,而当 n_2 低于外环齿轮 z_2 的转速 n_1 时,超越离合器接合,两个齿轮 z_2 和 z_4 成为一体旋转,将来自涡轮 T_1 和 T_2 动力汇集输出。此时,两个涡轮 T_1 和 T_2 共同工作,整体输出较大扭矩。

超越离合器的这种接合和分离是随着外载荷的变化而自动进行的,不需要人为控制。

3.2.3.3 辅助控制系统

ZL50 型装载机变矩器辅助系统主要用来完成变矩器的补充油液和冷却,它与变速控制系统共用一个油路,同时完成控制变速器的换挡离合器以及对轴承、离合器进行冷却和润滑。

辅助系统如图 3-9 所示,主要由主压力阀 8、进口压力阀 18、出口压力阀 23 等组成。

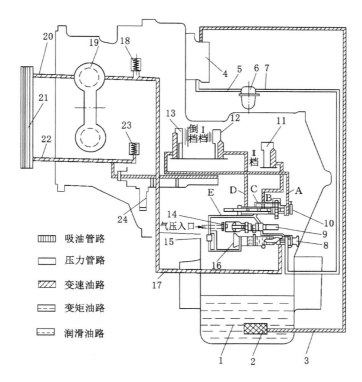

图 3-9 ZL50 型装载机变矩器辅助系统

1——油底壳;2——滤清器;3,5,20,22——软管;4——变速泵;6——滤油器;8——主压力阀;9——制动脱挡阀;10——变速分配阀;11——Ⅱ挡液压缸;12——Ⅰ挡液压缸;13——倒挡液压缸;14——气阀;15——单向节流阀;16——蓄能器;17——箱壁油道;18——进口压力阀;19——变矩器;21——散热器;23——出口压力阀;24——超越离合器

ZL50 型装载机变矩器辅助系统的油路途径是:齿轮泵从变速器油底壳将油液吸出,经滤清器进入主压力阀后分为两路,一路经进口压力阀从变矩器壳体的壁孔油道进入变矩器工作腔,并不断补充使腔内充满油液,溢出的油液由空腔经环形间隙流出导轮座和变矩器壳体,从变矩器流出的高温油经散热器后,经出口压力阀流回变速器油底壳;另一路压力油经制动阀进入变速操

纵阀。

主压力阀的作用是保证油路一定的工作压力,以便操纵变速器的换挡离合器和制动器。

进口压力阀设置在变矩器的进油口处,工作压力为 0.56 MPa,作用是通过控制阀前压力的变化调节进入变矩器的流量。

出口压力阀设置在变矩器的出油口处,工作压力为 0.28～0.45 MPa,作用是保证循环圆中有一定的油压,以防变矩器内进入空气。

3.3　变矩器的常见故障分析

变矩器是利用液体的动能将发动机的功率传递给变速器的,在使用过程中,由于时间的增加或操作维护不当,会出现各种故障。变矩器的常见故障有供油压力过低、传动效率降低、油温过高、异常响声、漏油等。

3.3.1　供油压力过低

3.3.1.1　故障现象

当发动机油门全开时,液力变矩器的进油口小于标准值,如果出现这种情况,则说明供油系统压力过低了。

3.3.1.2　故障原因分析与排除

导致液力变矩器供油压力过低的原因有很多,根据液力变矩器的结构和工作情况,主要有以下几个原因:

(1)供油量少,油位低于吸油口平面。

(2)油管泄露或阻塞。

(3)流到变速箱的油过多。

(4)进油管或滤网阻塞。

(5)液力泵磨损严重或损坏。

(6)吸油滤网安装不正确。

(7)油液变质起泡沫。

(8)进、出口压力阀不能关闭或弹簧刚度减小。

针对上述分析的液力变矩器供油液力过低的情况,进行故障的判断与排除,主要按照以下步骤进行:

(1)检查油位是否位于油尺两个标记之间。若油位低于最低刻度,应补充油液,如果油位正常,则应该检查进、出油管有无漏油处,如果有漏油的地方,则应该及时处理予以排除。

（2）如果进、出油管密封良好,没有渗漏的地方,则应该检查进、出口压力阀的工作情况,如果进、出口压力阀不能关闭,则应该将压力阀拆下,检查零件有无伤痕或裂纹、油路及油孔是否畅通、弹簧刚度是否变小等。如果发现上述问题,则应该及时予以修理排除。

（3）如果进、出口压力阀工作正常,则应该拆下油管和滤网进行检查。如果有堵塞的情况,则应该及时予以清除和更换,如果油管畅通,则需要检修液压泵,必要时更换液压泵。

（4）观察压力油的质量,如果油面有起泡沫的情况,则说明油液质量可能有问题了。若没有泡沫,再检查油液面的位置是不是高于油管的油口位置,如果油口的位置低于油液面的位置,则需要进行调整。

3.3.2 传动效率降低

3.3.2.1 故障现象

变矩器传动效率降低、功率损失增大主要表现在工程机械行驶或作业过程中,当外负载增大时,不能将发动机的力矩有效地传递给变速器,致使机械行驶缓慢或作业无力。

3.3.2.2 故障原因分析

（1）失速造成功率损失

变矩器随着涡轮输出轴转速 n 的变化,发动机对变矩器的输入力矩 M_B（即泵轮力矩）基本上是不变的,而变矩器的输出力矩 M_T 却是变化的。当机械所遇阻力增大时,变矩器的阻力矩也增大,变矩器的输出力矩随之增大,但涡轮轴转速 n 却降低,当阻力大到一定程度时,即输出力矩 M_T 大到一定值时,涡轮轴转速 n 降低到零,此时发动机对变矩器的输入力矩 M_B 仍然不变,也就是说,发动机的负载并未改变。因此,当机械的阻力大到一定值时,变矩器的输出力矩达到最大值,但涡轮轴转速为零,机械的行驶速度自然也为零,而发动机却既不冒黑烟,又不降速,也不熄火,仍然以 M_B 的数值输送给变矩器能量,这种现象就叫作失速。

在失速状况下,变矩器的传动效率 η 等于零。发动机供给变矩器的能量全部转变成热能,使变矩器的工作油温升高。

（2）长期工作在低效率区

随着外界阻力的减小,变矩器的涡轮转速 n 就逐渐增大,变矩器的传动效率 η 也逐渐提高,当 n 大于一定数值时,由于输出力矩比发动机输送给变矩器的力矩还小,所以变矩器的传动效率反而会随着 n 的增大而变小。由此可知,变矩器只有在一定输出转速范围内,效率值才比较高。

液力传动可以得到无级变速,但必须是在一定范围内使用,否则,虽然得到了无级变速,但效率却很低,因此,即使液力传动的机械,仍然需要根据负载的不同而更换变速挡位。应将发动机的油门置于额定转速附近,不可长期使用小油门,试图利用变矩器的变矩作用使其力矩增大而便于作业,因为这样会使变矩器长期在低效率区工作,不仅会造成油料和时间的浪费,而且由于效率低,会造成油温过高。变矩器若长期在高油温下工作,会使橡胶密封件老化,失去密封作用,发生内漏。

（3）旋转件平衡度不符合要求

变矩器的泵轮、泵轮罩壳和涡轮都是高速旋转的零件,其平衡度不得超过 $15\,g\cdot mm$,所以在使用中,切不可随意用长短不一的螺栓去连接泵轮和涡轮,以免破坏其平衡,造成功率损失。泵轮与涡轮在工作时,端面的摆动量对传动效率也有影响,制造时泵轮罩壳与泵轮连接端面的摆差不得大于 $0.06\,mm$,泵轮轴承座端面、涡轮接盘端面、变矩器壳体与轴承座连接端面的摆差都不得大于 $0.02\,mm$。因此,安装时必须把这些端面清洗干净,以免影响摆差。

3.3.3 油温过高

3.3.3.1 故障现象

变矩器正常的工作油温一般在 $120\,℃$ 以下,在变矩器工作一段时间后,如果用手触摸变矩器时,感觉烫手,则变矩器里面油温可能过高了。工作油温度过高,会严重影响变矩器传动效率。

3.3.3.2 故障原因分析与排除

（1）冷却器的冷却效果不佳

变矩器的工作油是利用发动机的冷却水进行冷却的,所以,如果发动机的水温过高,也会影响冷却效果。如果水质不纯,会使冷却器中产生大量的水垢,水垢是热的不良导体,同样会影响冷却效果。

（2）补偿油压失常

变矩器的进口压力阀若调整不当,或工作油太脏,使阀杆卡死在溢流位置,供给变矩器的油压过低,将会使泵轮叶片前端出现大量的气泡凝聚,会使变矩器的效率降低、油温升高。变矩器出口压力阀若调整不当,或工作油太脏,堵塞阀的通道,回油压力过高,去往冷却器的油量不够,致使工作油循环不畅而得不到及时的冷却,也会造成油温过高。

（3）工作油数量不足

变矩器的功率损失一般为发动机额定功率的 20%～25%,变速器和驱动桥等部件的功率损失一般为发动机额定功率的 5%～8%,这两方面的功率损失之和约为发动机额定功率的 1/3,这些功率损失将转变成热能使工作油温升高。为此,必须有足够的油量吸收这些热量而进行冷却,若工作油数量不足,就会造成油温过高。

（4）工作油品质降低

变矩器的工作油一般应选用 N32 号传动油。随着机械工作时间的增长,工作油会逐渐被氧化、变质,其黏度、流动性、润滑效果都会变差,因此,机械每工作 1 000 h,应更换一次工作油。所需的传动油在短缺的情况下,也可以采用柴机油进行替代,但不可与液压油混用。而且,选择的柴机油黏度应与所需传动油的黏度相近。若黏度过大,不仅会使由泵轮射向涡轮的油液的速度降低,影响传动效率,从而引起油温升高,而且还会增大变矩器工作轮的旋转阻力,造成功率损失。这部分功率损失转变为热能后,又会使油温升高,从而造成变矩器油温过高。

3.3.4　异常响声

3.3.4.1　故障现象

当液力变矩器工作时,内部可能会发出金属摩擦声或撞击声,变矩器的异常响声主要表现有振动撞击声和尖叫响声。

3.3.4.2　故障原因分析与排除

振动撞击声主要是轴承松动或损坏及固定螺栓松动等引起的,应及时更换或紧固。尖叫响声是变矩器叶片发生汽蚀现象或零件损坏造成的。发生汽蚀的原因是油路中有空气,因为空气是可压缩的,遇热又会膨胀,而使油泵泵油量减少,造成油温过高,破坏润滑油膜,加速零件损坏。空气进入变矩器内,会使变矩器发出剧烈响声,降低传动效率和力矩,甚至造成叶片损坏。空气能使叶片发生汽蚀,严重时使变矩器出现尖叫声。变矩器出现尖叫声一般都伴随油温升高,但油温升高时却不一定有尖叫声。发现这种现象,应立即停机进行检查修理。导致变矩器产生异常响声的原因有:

（1）轴承磨损和损坏。

（2）工作轮连接松动。

（3）与发动机连接螺栓松动。

液力变矩器发生异响后,首先应该检查它们与发动机之间的连接螺栓是否松动。如果连接螺栓松动,应及时紧固并达到标准的转矩;如果连接螺栓是紧固的,则应该检查各轴承。如果轴承有松动情况,则应该及时调整,当调整无效时,应该更换新的轴承。此外,还应该检查液压油的数量和质量情况,如果数量不够或质量有问题,则应该及时添加或更换。如果上述检查都没有问题,则应该检查各工作轮之间的连接是否有松动情况,如有松动,则应该按照规定转矩拧紧;如连接没问题,则有可能是异常磨损导致的异常响声,则应该分解变矩器,然后进一步查看里面的结构,查明具体原因后再进一步排除。

3.3.5 漏油

3.3.5.1 故障现象

当液力变矩器工作时,在变矩器后盖和泵轮之间的接合面、泵轮和轮毂连接处有明显的漏油痕迹,则说明变矩器出现了漏油的情况。

3.3.5.2 故障原因分析与排除

引起液力变矩器漏油的原因有很多,根据工程机械液力变矩器的特点,漏油故障的原因主要有以下几点:

（1）液力变矩器后盖与泵轮连接螺栓松动。

（2）后盖与泵轮之间接合面密封圈损坏。

（3）泵轮与泵轮毂连接螺栓松动。

（4）油封及密封件损坏或老化。

针对上述引起液力变矩器漏油故障的原因,需要及时进行检查和排除,主要排除故障的步骤如下:

（1）启动发动机,如果液力变矩器与发动机之间的连接处出现漏油,则说明泵轮和泵轮罩之间的连接螺栓出现松动或密封圈老化了。出现这种情况后,应该及时连接螺栓或更换 O 形密封圈。

（2）启动发动机,如果从变速箱连接处甩出油液,则说明泵轮和泵轮毂之间的连接螺栓松动了或是之间的密封圈损坏了。此时,应该先紧固螺栓,查看连接部位是否还漏油。如果紧固后还出现漏油的情况,则说明是连接部位的密封圈有所损伤,应该及时更换密封圈。

(3) 如果漏油部位在加油口或放油口的螺塞处,则应该检查螺塞的松紧度,如果螺塞太松,则需要重新进行紧固。如果紧固后还有漏油的情况,则应该检查螺塞的螺纹处是否有裂纹,如有则需要更换螺塞。

第4章 变　速　器

4.1　变速器概述

目前工程机械的动力装置主要是内燃机,其力矩和转速变化范围小,而经济高效的范围则更小,不能满足工程机械在作业和行驶中对牵引力和行驶速度变化的要求,因此在传动系中设置了变速器。

4.1.1　变速器的作用

(1)改变机械的行驶速度和输出扭矩,以适应作业和行驶的需要。

(2)改变动力的传递方向,可使机械前进和后退。

(3)在发动机运转情况下,能使机械长时间停车并输出动力。

变速器的主要作用是变速变扭,而变矩器同样具有变速变扭的功能,两种装置的主要区别有两个方面:一是变速器变速变扭是不连续的、有级的,每一个挡位对应着固定的传动比,而变矩器转速和扭矩可在一定的范围实现无级变化;二是变速器速度和力矩是由操作人员选择控制的,而变矩器转速和力矩则是随着负载的变化自动进行的。

4.1.2　变速器的分类

变速器的基本类型有三种,即机械式、液力式和电力式。目前,工程机械上普遍采用的是机械齿轮式变速器。

齿轮式变速器可按不同的方式进行分类:

(1)根据传动齿轮的形式,可分为直齿圆柱齿轮(直齿齿轮)和斜齿圆柱齿轮(斜齿齿轮)。直齿齿轮结构简单,制造成本低,可直接拨动齿轮换挡。但在传动中尤其是高速运转时,容易引起冲击和噪声。斜齿齿轮承载能力比直齿齿轮大,而且传动平稳,冲击和噪声较小。但是,斜齿齿轮在传递动力时会产生轴向力,所以要求齿轮在轴上要有可靠的轴向定位,并且要求轴承能够承受轴向力。

（2）根据齿轮啮合形式，可分为滑动齿轮啮合式、啮合套啮合式和同步器啮合式。滑动齿轮啮合式变速器结构简单，传动可靠，但换挡比较困难，容易引起冲击和噪声，目前仅应用在部分低速工程机械上。啮合套啮合式变速器与滑动齿轮变速器相比，因啮合点直径减小，圆周速度降低，换挡时冲击和噪声小，操作也较为简便。同步器啮合式变速器是在啮合套变速器基础上的改进，由于同步器的作用，可使啮合套和被啮合的齿轮转速接近一致，所以，在换挡时不容易产生冲击，噪声小，操纵平顺、轻便。

（3）根据传动轮系的形式，可分为定轴轮系（轴线固定式）和周转轮系（行星齿轮式）。周转轮式变速器与定轴轮式变速器相比，结构紧凑，传动比变化幅度大，操纵轻便，并有利于实现操纵自动化。但其制造工艺复杂，维护难度较大。

（4）根据操纵形式，可分为机械换挡变速器和动力换挡变速器。机械式换挡变速器结构简单，传动效率高。但操纵性能差，换挡时必须分离离合器。

动力换挡变速器通常设置在液力机械传动系中，与变矩器相配合使用，可在不切断动力的情况下（甚至在大负载情况下）进行换挡。这样就使操作简便省力，减轻了操作人员的劳动强度，并可减少停车、起步次数，有利于延长发动机和传动系的使用寿命以及提高工作效率。

4.2 变速器的结构组成

变速器主要由传动机构和操纵机构组成。

传动机构主要由传动齿轮和传动轴组成。通过数对大小不同齿轮的啮合，形成若干条传动路线，每一条传动路线对应着一个挡位，有着固定的传动比。

操纵机构的作用在于选择相应齿轮副的啮合或分离，使机械获得不同的速度、力矩和行驶方向。

齿轮轮系是变速器传动机构的主体，决定着变速器的传动规律。齿轮轮系有定轴轮系和周转轮系两种基本形式，其传动规律有所不同。

4.2.1 定轴轮系

对于定轴轮系齿轮传动有如下情况：

（1）当小齿轮带动大齿轮时，传动比 $i>1$，转速降低，力矩增大。

（2）当大齿轮带动小齿轮时，传动比 $i<1$，转速增加，力矩减小。

（3）当主、从动齿轮的大小相等时，传动比 $i=1$，转速、力矩保持不变。

（4）在忽略摩擦影响的前提下，转速变化的幅度与力矩变化的幅度相同。

（5）两齿轮外啮合，主动齿轮与被动齿轮旋转方向相反。

（6）两齿轮内啮合，主动齿轮与被动齿轮旋转方向相同。

（7）对于由多对啮合齿轮构成的定轴轮系，总传动比等于各对齿轮传动比的连乘积，或表述为所有从动齿轮齿数的连乘积与所有被动齿轮齿数的连乘积之比。

4.2.2 周转轮系

行星齿轮式变速器传动机构的基本组成是行星齿轮机构（也称行星排）。

基本行星排如图 4-1 所示，包括太阳轮 1、齿圈 4、行星架 2 和行星轮 3。由于行星轮的轴线在空间旋转，与外界连接较困难，故在行星齿轮变速器中，基本行星排只有三个和外界连接的基本元件：太阳齿轮、齿圈和行星架，它们对应的转速分别为 n_z、n_r 和 n_c。其关系为：

$$n_z + Kn_r - (1+K)n_c = 0$$

式中，K 为行星排特性参数，其值为齿圈齿数与太阳轮齿数之比。

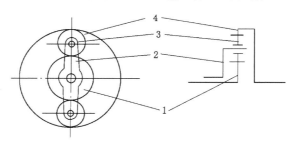

图 4-1　基本行星排

1——太阳轮；2——行星架；3——行星轮；4——齿圈

将基本行星排的三个元件中两个元件分别作为输入、输出，另一个必须固定，这样方可获得确定的传动比。将三个元件按照不同的组合，则可以得到两个减速、两个增速、两个倒挡，共计六种传动方案，计算出的对应的传动比见表 4-1。

表 4-1			基本行星排传动方案		

传动类型	行星架输出为减速		行星架输出为增速		行星架固定为倒转	
	太阳轮输入为大减	齿圈输入为小减	太阳轮输出为大增	齿圈输出为小增	太阳轮输入为减速	齿圈输入为增速
传动简图						
传动比	$1+K$	$\dfrac{1+K}{K}$	$\dfrac{1}{1+K}$	$\dfrac{K}{1+K}$	$-K$	$-\dfrac{1}{K}$

注:K 为齿圈齿数与太阳轮齿数之比。

4.2.3 ZL50 型装载机变速器

ZL50 型装载机变速器为行星齿轮式动力换挡变速器。该变速箱结构具有一定的代表性,既有定轴轮系传动部分,又有周转轮系传动部分,因此本书将针对这一变速箱的结构、工作原理等进行详细介绍。

该变速箱设有两个前进挡和一个倒退挡,主要由变速传动机构和液压控制系统组成。

4.2.3.1 变速传动机构

变速传动机构主要由箱体、变速机构、前后桥驱动机构等组成,如图 4-2、图 4-3 所示。

(1)箱体

箱体与变矩器壳体连接在一体,固定在车架上。右侧有加(检)油口,上部有通气孔,底部有放油口。

(2)变速机构

一挡和倒挡为行星变速机构。主要由行星齿轮架、行星齿轮及轴、内齿圈和太阳齿轮组成。行星齿轮装在行星轮架上,同时与太阳齿轮和内齿圈啮合。一挡内齿圈与一挡离合器的主动片用花键连接,倒挡离合器的主动片与倒挡行星轮架用花键连接。

当挂一挡时,一挡内齿圈被一挡离合器所制动,太阳轮转动,一方面使行星轮绕自身的轴线做自转运动,另一方面由于一挡内齿圈被制动,因此一挡行星轮架与行星轮一起绕太阳轮的轴线做公转运动,动力从行星轮架输出,传动比为 $1+K$。

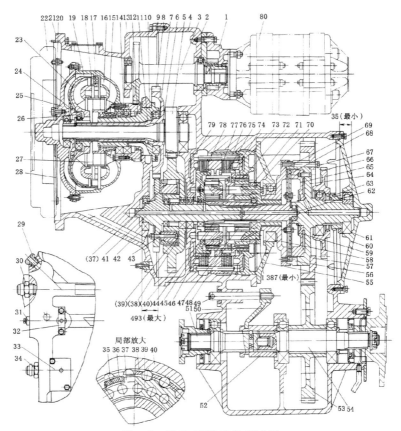

图 4-2　ZL50 型装载机变速器

1——变速泵;2,20,21——衬垫;3——轴齿轮;4——箱体;5——输入一级齿轮;6——套筒;
7,11——油封;8——输入二级齿轮;9,12——密封环;10——导轮座;13——壳体;
14,43,67——螺栓;15——导油环;16——泵轮;17——弹性销;18——第一涡轮;19——第二涡轮;
22——飞轮;23——涡轮罩;24——钢钉;25——罩轮;26——涡轮毂;27——导轮;28——弹性盘;
29——油温表接头;30,34——管接头;31——螺塞;32,33——压力阀;35——滚柱;36,37——弹簧;
38——隔离环;39——内环凸轮;40——外环齿轮;41——中间输入轴;42——轴承;44——太阳轮;
45——倒挡行星轮;46——倒挡行星轮架;47——一挡行星轮;48——倒挡内齿圈;
49——前、后桥拉杆;50——前、后桥连接拨叉;51——后输出轴;52——滑套;53——输出轴齿轮;
54——前输出轴;55——中盖;56——圆柱销;57——中间轴输出齿轮;58——一挡行星轴;
59——盘形弹簧;60——端盖;61——球轴承;62——直接挡轴;63——离合器滑套;
64——直接挡液压缸;65——直接挡活塞;66——输出齿轮;68——直接挡离合器;
69——直接挡受压盘;70——直接挡连接盘;71——一挡行星轮架;72——一挡液压缸;
73——一挡活塞;74——一挡内齿圈;75——一挡离合器;76——固定销轴;77——弹簧销轴;
78——倒挡离合器;79——倒挡活塞;80——双联泵

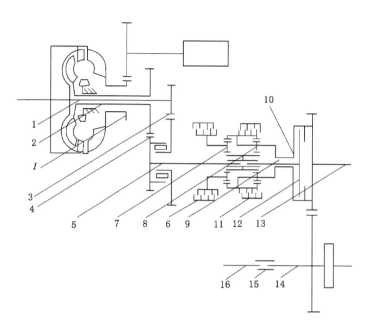

图 4-3　ZL50 型装载机变速器工作原理

1——一级涡轮输出轴;2——二级涡轮输出轴;3——一级涡轮输出轴减速齿轮副;

4——二级涡轮输出增速齿轮副;5——变速器输入轴;6,11——制动器;

7,8——倒挡行星排;9——二挡输入轴;10——二挡承压盘;12——离合器;

13——二挡液压缸轴;14——前桥输出轴;15——啮合套;16——后桥输出轴

当挂倒挡时,由于倒挡行星轮架被制动,太阳轮转动,而使倒挡行星轮只能做自转而不能做公转,并且通过行星轮迫使倒挡内齿圈转动,动力从倒挡内齿圈输出,传动比为－K。倒挡行星变速机构中,被离合器所制动的是倒挡行星轮架,由倒挡内齿圈输出动力;而一挡机构被制动的则是一挡内齿圈,输出动力的是一挡行星轮架。两个行星轮变速机构输出动力的旋转方向相反。当倒挡工作时,一挡离合器是分离的,一挡行星轮与一挡内齿圈处于空转,不传递动力,这时倒挡的动力只是借一挡行星轮架传递。

二挡(直接挡)离合器的主动盘以螺钉固定在直接挡轴的接盘上,从动摩擦盘以其外缘卡装在液压缸上,由固定在受压盘上的圆柱销限制其转动。受压盘、液压缸和中间轴输出齿轮固定在一起,在液压缸内装有直接挡活塞,活塞可沿导向销轴向移动,但不能转动,活塞与液压缸间形成油室,经油道与操纵阀相通。活塞左侧卡环装有碟形弹簧。当离合器接合时,动力由中间轴、直接挡轴,经离合器和中间轴输出齿轮传给前、后桥驱动机构。分离时,高压油被解除,靠盘形弹簧把活塞推回原位,使主、从动盘分离。

(3) 前、后桥驱动机构

它主要由前、后桥连接拉杆及拨叉、滑套等组成。滑套与后输出轴用花键连接,并可在其上滑动。当前、后桥连接拨叉推动滑套将后输出轴与前输出轴连接时,前输出轴上的动力部分从滑套传递到后输出轴,形成前、后桥驱动,即四轮驱动。

各挡动力传动途径如图 4-2、图 4-3 所示。

前进一挡:动力由主动输入轴→太阳轮→一挡行星齿轮(一挡离合器接合,一挡内齿圈被制动)→一挡行星架→直接挡连接盘→直接挡受压盘→直接挡液压缸→主动齿轮→输出轴齿轮→前、后桥驱动轴。

前进二挡(直接挡):动力由主动输入轴→太阳轮→直接挡轴(二挡离合器接合)→直接挡离合器→直接挡承压盘→直接挡液压缸→主动齿轮→输出轴齿轮→前、后桥驱动轴。

倒挡:动力由中间轴→太阳轮→倒挡行星齿轮(倒挡离合器接合,倒挡行星架制动)→倒挡内齿圈→一挡行星轮架→直接挡连接盘→直接挡受压盘→直接挡液压缸→主动齿轮→输出轴齿轮→前、后桥驱动轴。

4.2.3.2　液压控制系统

变矩器与变速器共用一个液压控制系统。控制变速器工作的核心元件是变速操纵阀。

(1) 变速操纵阀

变速操纵阀装在变速器箱体一侧,由驾驶室内的变速操纵杆控制。主要由调压阀(主压力阀)、弹簧蓄能器、变速分配阀、制动脱挡阀等组成,如图 4-4 所示。

① 调压阀

调压阀的作用是调节变速油压,把压力油一路通往变速分配阀,另一路通往变矩器,当油压过高(超过 1.52 MPa)时起安全保护作用。

② 变速分配阀

分配阀的作用是控制变速器的两个制动器和一个离合器的工作。

分配阀的阀杆装在阀体的空腔内,它有空挡、倒挡、Ⅰ挡和Ⅱ挡 4 个位置,移动阀杆可分别操作Ⅰ挡、倒挡制动器或Ⅱ挡离合器的接合或分离。

③ 弹簧蓄能器

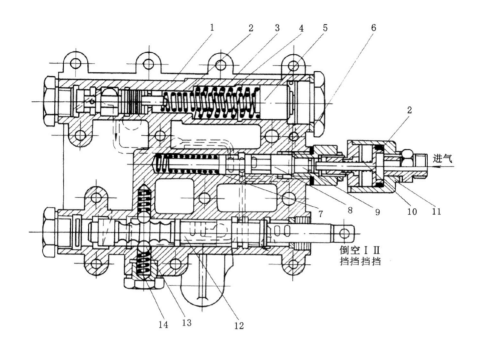

图 4-4　ZL50 型装载机变速器变速操纵阀

1——调压阀杆;2,3,14——弹簧;4——调压阀;5——滑块;6——垫圈;7——弹簧;8——制动阀杆;
9——圆柱塞;10——气阀活塞及杆;11——气阀体;12——分配阀杆;13——钢球

弹簧蓄能器的作用是保证制动器或离合器迅速而平稳地接合。它主要由滑块、弹簧和单向节流阀组成。

④ 制动脱挡阀

制动脱挡阀用于在制动时,使变速器自动脱到空挡位置。它主要由制动阀杆、弹簧、气阀活塞及杆等组成。

(2) 油路途径

如图 4-4 所示,变速液压泵将油底壳的油压至滤油器和变速操纵阀,进入变速操纵阀的压力油一路经调压阀、制动脱挡阀进入变速分配阀,根据变速阀杆的不同位置分别进入一、二挡和倒挡液压缸,完成换挡的工作;另一路经进口压力阀通变矩器。从变矩器出来的油经散热器、出口压力阀,通过油道去润滑和冷却各个轴承、齿轮和制动器摩擦片,最后流回油底壳。

4.3 变速器的常见故障分析

变速器在工作过程中,各零件不仅承受着各种力的作用,而且彼此相对运动频繁。随着工作时间和行驶里程的增加,变速器各零件将可能产生磨损、变形和裂纹等损伤,使其相互间配合间隙失常,引发各种故障。动力换挡变速器常出现的故障有变速箱工作压力过低、挡位不能脱开、挂不上挡、个别挡位行驶无力、自动脱挡、异常响声等。

4.3.1 变速箱工作压力过低

4.3.1.1 故障现象

工程机械在行走或作业过程中,压力表如果显示变速箱各挡位的压力值均低于平均值,而且机械在各挡位状况下均行走无力,则有可能是变速箱工作压力过低导致的这种现象。

4.3.1.2 故障原因分析与排除

引起变速箱工作压力过低的原因有很多,根据工程机械变速箱的结构特点和工作情况,主要原因有:

(1)变速箱内油液面过低

油液过少会导致液力变矩器传动介质减少,从而导致动力传递不足,甚至不能传递动力,此外,还会因为液压系统油压的下降,而使换挡离合器打滑,不能使机械正常行走,缺乏动力。

(2)滤清器的影响

变速箱油泵的前、后设有滤清器或滤网,用来滤去工作油液中的杂质。随着机械使用时间的增加,过滤装置上附着的机械杂质越来越多,使通过截面及油液面的油量越来越少,从而导致进入变速箱的油液也越来越少,致使变速箱的工作压力下降。

(3)调压阀的影响

液压系统内设有调压阀,其作用是使系统内的工作压力保持在一个稳定的范围内。如果调整压力过低或者调压弹簧弹力过小时,会使调压阀过早接通回油路,导致变速箱工作压力过低。另外,如果调压阀阀芯卡滞,也会使液压系统内的压力难以建立,从而变速箱的工作压力无法形成。

(4)泄露的影响

如果液压系统管道破漏,接头松动或松脱,变速箱壳体内机件平面接口处漏油或漏气,会使系统内的压力降低,变速箱的工作压力也相应下降。

（5）油泵的影响

如果油泵使用时间过长,内部间隙越来越大,其泵的能力也会有所下降,因此系统内工作油液的压力及变速箱工作压力就会降低。另外,液压泵轴上的密封圈损坏,也会使液压系统泵能力下降。

（6）油温的影响

为使液压系统工作正常,在液压系统内设有散热器,如果散热器性能下降,或者在大负荷下工作时间过长,都会导致液压油温升高,最后导致系统内的内泄露量增大,最终导致系统工作压力下降。

针对上述可能的引起变速箱工作压力过低的几种情况,应该及时进行故障判断与排除。一般进行故障判断排除的步骤如下:

（1）检查变速箱内的油位,如果油位缺少,则应该及时进行补充。

（2）检查泄露情况,如果油液泄露有明显的痕迹,同时变速箱内油液位有明显下降,则应该顺着油迹查明泄露的地方,并且查明泄露的原因,进而进行修复。

（3）如果进、出油口密封性能良好,应该检查离合器压力阀和变矩器进、出口压力阀的工作情况;如果变矩器进、出口阀不能关闭,则应该将压力阀拆下,检查各零部件有无裂纹或伤痕的情况,以及油路或油孔是否畅通、弹簧是否产生变形及刚度减小的情况。当零部件磨损超过磨损极限时应予以更换或修复。

（4）如果压力阀工作正常,则应该拆下油管和滤网。如果有堵塞则应该进行清洗,清除沉积物。如变速箱油底壳中滤油器有严重堵塞,会导致液压泵吸油不足,应该及时进行清洗。

4.3.2　挡位不能脱开

4.3.2.1　故障现象

工程机械在作业或行驶过程中,出现换挡变速时,某些挡位有脱不开的情况,则说明变速箱出现了故障。

4.3.2.2　故障原因分析与排除

引起变速箱挡位不能脱开情况的原因有很多,根据变速箱的结构和工作原理,引起这种故障的主要原因有以下几种:

（1）换挡离合器活塞环损坏。

（2）换挡离合器摩擦片烧毁。

（3）换挡离合器活塞回位弹簧失效或损坏。

（4）液压系统回油路堵塞。

针对上述变速箱挡位不能脱开的情况,结合变速箱的结构和工作特点,进行故障分析和判断。故障排除的主要方法步骤如下:

(1)启动发动机,变换各挡位,查看是哪个挡位不能脱开,以确定需要检修的部位。

(2)拆开回油管接头,吹通回油管路,连接好后再进行检查。如果挡位仍脱不开,必须拆解离合器,检查回位弹簧是否损坏,根据情况予以排除;检查摩擦片烧蚀情况,如烧蚀严重,则应该及时更换。最后还需检查活塞环是否卡滞,如果出现卡滞的情况,则需进行修复或更换。

4.3.3　挂不上挡

4.3.3.1　故障现象

挂不上挡的第一种情况就是缺挡。缺挡是指某一挡或某几挡没有,而其他挡是正常的。如缺Ⅰ挡,即是将变速杆挂在前进Ⅰ挡和后退Ⅰ挡后,工程机械不能行走,而挂入其他挡位后,其行走正常;若缺前进挡,则是将变速杆挂入前进各挡后,工程机械皆不能行走,而挂入后退各挡后,其行走均正常;等等。

其次就是无空挡的情况,变速操纵杆处于空挡位置(中立位置)时,机械不能停车;启动发动机后,没有挂任何挡位,机械开始行走。

最后就是等挡的情况,等挡是指变速操纵杆挂入挡位后,要等一段时间后机械才能行走。

4.3.3.2　故障原因分析与排除

针对上述挂不上挡的几种情况,分别对缺挡、无空挡、等挡的情况进行分析。故障的判断排除主要方法步骤如下:

(1)缺挡的情况

① 变速操纵杆位置调整不当。由于变速拉杆调整不当或发生位移,虽然变速操纵杆处于空挡位置,但是也会引起操纵阀的误动作或中立位置关闭不彻底,从而引起变速压力油继续向挡位离合器供油,即挡位离合器分离不彻底,造成变速器没有空挡。

② 挡位离合器摩擦片变形或折断。若变速器内的挡离合器摩擦片变形或折断后卡死在摩擦片之间,引起挡位离合器分离不彻底,会造成变速器没有空挡。

③ 变速系统油路不畅。变速系统不供油,挂入任何挡后,活塞腔内都没有压力油进入,从而造成动力无法传递。引起变速系统油路不畅的主要原因是:

a. 箱内的油量不足。

b. 吸油部分有严重的漏油现象。

c. 变速泵自身失去工作能力,如严重磨损,特别是端面刮伤和扫腔等,已经失去了供油能力。

d. 变速泵输入轴上的骨架油封损坏,漏油严重,影响变速泵供油。

④ 自动脱挡阀始终处于脱挡位置。如果因为踩过一次制动后出现这种现象,则可能是制动脱挡阀阀芯卡在断油位置。在行驶和作业过程中,踩下制动踏板,在脚制动阀和气液总泵之间,有一路压缩气体通变速器分配阀的制动脱挡阀,使变速器脱挡,切断发动机的动力,以防制动时动力传递系统继续提供动力,影响制动效果。如果制动后制动脱挡阀阀芯卡住,解除制动后阀芯不回位则会造成变速器始终处于空挡,此时需要清洗或研磨制动脱挡阀。

⑤ 行车制动不能解除。如果不踩制动时拧松制动脱挡阀的气管接头,有空气漏出,说明制动阀的推杆位置不对,回位弹簧失效,活塞杆卡死,应检修或更换制动阀。

⑥ 弹性连接盘破裂或连接螺栓被切断。挂上任意的挡位,同时转动方向盘或操作铲刀的升降手柄,没有任何反应,系统压力表的压力显示为"0"。其原因是变矩器的弹性连接盘破裂或连接螺栓被切断。

⑦ 若速度阀阀芯或方向阀阀芯上的拨叉脱落或未安装好,自然也就挂不上挡。此种故障只需拆下阀盖,重新进行调整即可解决。

（2）无空挡的情况

① 活塞腔内油压不能建立。所缺挡活塞腔内油压不能建立,挂入该挡时,离合器主、从动摩擦片不能压紧,从而造成动力无法传递。引起活塞腔内油压不足的主要原因是:

a. 所缺挡位液压缸密封环损坏或装反。

b. 所缺挡位供油油道有裂纹。

c. 对于旋转离合器的挡位,还有可能是钢球止回阀脱落或油道上的旋转密封环损坏。

② 离合器烧蚀。若挂上前进挡,主油压不下降,机械前进;而挂上后退挡,主油压也不下降,机械只前进而不后退,则说明前进挡离合器烧蚀,应拆下前进挡离合器检修。反之,只后退不前进则说明后退挡离合器烧蚀,一、二挡情况也是如此。

（3）等挡的情况

等挡的根本原因主要是挡位活塞腔内的油压不能及时建立。造成等挡的具体原因如下：

① 蓄能器故障。若蓄能器弹簧折断、活塞卡阻或单向节流阀堵死等，均会引起挡位活塞腔内的油压不能及时建立，造成每次挂挡都有短暂时间的等挡。

② 吸油部分漏油。如果吸油部分漏油比较轻微，变速泵一时吸不上油，或边吸油边吸气，等压力建立起来之后机械才能起步，这种情况往往发生在停车后再启动时。启动时，因吸油管中的油已流回油箱，吸油管路中是空的，启动后怠速几分钟油也吸不上来，等发动机加速后还要再等一段时间才能起步。等挡的吸油管路漏气之处和挂不上挡的吸油管路漏气是相同的，只是程度不同而已。

4.3.4　个别挡位行驶无力

4.3.4.1　故障现象

工程机械在挂入某挡位后，变速压力低，机械的行走速度不能随着发动机的转速升高而升高。

4.3.4.2　故障原因分析与排除

如果工程机械在挂入某挡后，行走无力，主要原因是换挡离合器打滑所致。引起换挡离合器打滑的原因有很多，主要有以下几种：

（1）换挡离合器的活塞密封环损坏，导致活塞密封不良，使得作用在活塞上的油液压力不足。

（2）换挡液压油路有严重泄露的情况。

（3）换挡液压油路某处密封环损坏，导致变速压力降低。

针对上述引起挡位行驶无力的各种原因，进行故障分析，进而判断排除，进行故障判断排除的步骤如下：

（1）检查从操纵阀至换挡离合器的油路、接合部位是否有泄露，根据具体情况排除故障。

（2）拆下并分解该换挡离合器，检查各密封圈是否失效，活塞环是否磨损严重，必要时进行修复或更换。

（3）如果液压系统密封良好，应检查液力变矩器油液内是否有金属屑，若油液内有金属屑，则表明该换挡离合器摩擦片的磨损程度较大，如果出现这种情况，则应该及时予以修复或更换。

4.3.5　自动脱挡或乱挡

4.3.5.1　故障现象

工程机械在作业或行驶过程中，所挂的挡位出现乱挡或者自动脱离原来挡位。

4.3.5.2 故障原因分析与排除

动力换挡类型的变速箱,引起自动脱档或乱挡的原因有很多,根据其结构和作业特点,主要原因有以下几种:

(1)换挡操纵阀的定位钢球磨损严重或弹簧严重失效,从而导致换向操纵阀定位装置失灵。

(2)由于长时间使用,换挡操纵阀的位置及长度发生变化,杆件比例不准确,使操作位置产生偏差,导致乱挡。

针对上述引起自动脱档和乱挡的故障原因,进行故障判断与排除的主要步骤如下:

(1)检查是否为定位装置引起的故障,如果是,则可以用手扳动变速杆在前进、后退、空挡等几个重要挡位的位置进行检查。如果变化挡位时,手上没有任何阻力的感觉,则可认为失效,应该进一步拆开进行检查。如果检查过程中有明显的阻力感觉,则视为正常情况。

(2)检查是否为换挡操纵杆引起的故障。可以先拆去换挡阀杆与换挡操纵杆的连接销,用手拉动换挡阀,使滑阀处于空挡位置,再把操纵杆扳到空挡位置,调整合适后再将其连接好。

4.3.6 异常响声

4.3.6.1 故障现象

变速箱在工作时有可能会出现异常响声的情况。

4.3.6.2 故障原因分析与排除

引起变速箱出现异常响声的原因有很多,根据变速箱的结构和工作情况,可以总结为以下几种:

(1)变速箱内润滑油不足,在动力传递过程中出现干摩擦的情况。

(2)变速箱传动齿轮轮齿打坏。

(3)轴承间隙过大,花键轴与花键孔磨损松动。

针对引起变速箱异常响声的几种故障原因,进行故障判断与排除的主要步骤如下:

(1)检查变速箱内液压油是否足够,如果不够,则应该进行加注,加到规定的刻度。

(2)采用变速法听诊,若异常响声为清脆柔和的"咯噔咯噔"声,则表明轴承间隙过大,或者花键轴松动。根据异常响声特征来确诊变速箱故障后,应该立即停止工作,然后进行修复。

第5章　万向传动装置

5.1　万向传动装置概述

　　万向传动装置主要用于连接两轴线相交且相对位置经常发生变化的两轴，并保证它们之间能可靠地传递动力。万向传动装置在工程机械上的应用如下。

　　（1）变速器的输出轴与驱动桥的输入轴不在同一轴线上，工程机械在作业时，由于路面不平等原因，而造成车轮及驱动桥上下跳动，使得两轴线的相对位置经常发生变化。因此，必须在两轴之间设置万向传动装置，如图 5-1(a)所示。

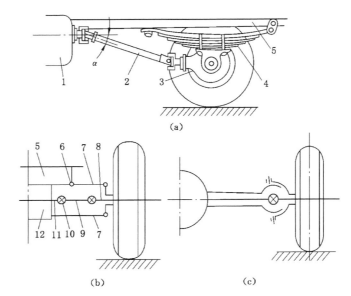

（a）

（b）　　　　　　　　　　　　（c）

图 5-1　万向传动装置在工程机械上的应用

1——变速器；2——传动轴；3——主传动装置；4——钢板弹簧；5——车架；6——扭杆弹簧；
7——悬架摆臂；8——外半轴；9——传动轴；10——万向节；11——内半轴；
12——主传动装置及差速器

（2）在与独立悬架配合使用的断开式驱动桥中，由于驱动轮存在相对跳动，需要在差速器与车轮之间装有万向传动装置，如 5-1（b）所示。在转向驱动桥中，前轮在偏转的过程中需传递动力，因此，将半轴再分为内、外两段，用万向节连接，如图 5-1（c）所示。

（3）连接传动的两部件，虽名义上其轴线是同心的，但考虑到安装不准确和在工作过程中由于车架的变形而引起轴线的偏移，同时也考虑到拆装方便，很难做到真正意义上的同心，如离合器（或变矩器）与变速器之间，因此可用万向传动装置连接。

5.2　万向传动装置的结构组成

工程机械的万向传动装置，主要由万向节、传动轴和中间支承等组成。

5.2.1　万向节

万向节的作用是能够在相互位置及两轴间夹角不断变化的两轴之间传递扭矩。根据万向节的传动特性，万向节可分为不等速万向节和等速万向节两种。

5.2.1.1　不等速万向节

（1）基本构造

目前在工程机械变速器与驱动桥之间、离合器（或变矩器）与变速器之间用的不等速万向节几乎都是普通十字轴刚性万向节。这种万向节允许相邻两轴交角达 $15°\sim20°$。由于结构简单，工艺性好，使用寿命长，并且有较高的传动效率，所以被广泛采用。

如图 5-2 所示，普通十字轴万向节主要由主动叉 6、从动叉 2、十字轴 4、滚针 8 和套筒 9 等组成。

主动叉 6 通过螺栓固定，由于万向传动装置传递较大的扭矩，故该连接螺栓一般都由合金钢制成，不得与其他螺栓混用，更不得用任意螺栓代替。从动叉 2 与传动轴制成一体。两万向节叉上的孔分别活套在十字轴 4 的两对轴颈上。这样，当主动轴转动时，从动轴即可随之转动，又可绕十字轴中心任意方向摆动。为了减少摩擦损失，提高传动效率，在十字轴轴颈和万向节叉孔间装有滚针 8 和套筒组成的滚针轴承（也有用滑动轴承）。为了防止轴承在离心力作用下从万向节叉内脱出，套筒用螺钉和盖固定在万向节叉上，并用锁片将螺钉锁紧。为了润滑轴承，十字轴一般做成中空以储存润滑脂，并有油路通向轴颈，润滑脂从滑脂嘴 3 注入十字轴内腔。为了避免润滑油流出和尘垢进入轴

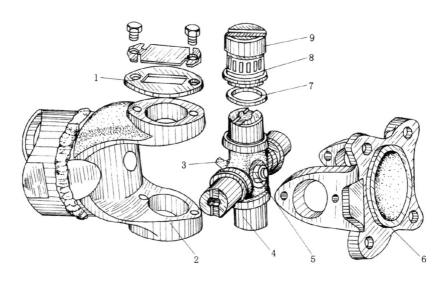

图 5-2 普通十字轴万向节

1——支承片;2——从动叉;3——滑脂嘴;4——十字轴;5——安全阀;6——主动叉;
7——毛毡油封;8——滚针;9——套筒

承,在十字轴颈上套装有带金属座圈的毛毡油封 7。在十字轴的中部还装有带弹簧的安全阀 5。如果十字轴内腔所加的润滑脂过多,以致油的压力大于允许值,安全阀即被顶开而润滑脂外溢,使油封不致因油压过高而损坏。

有的工程机械上,其万向节叉与十字轴颈配合的圆孔不是整体,而是采用瓦盖式的,两半之间用螺钉连接。也有的将万向节叉的两耳分别用螺钉和托盘连接在一起而组成十字轴万向节叉。

(2)传动特点

由于主、从动叉分别通过滚针轴承与十字轴铰接,因此,当主动叉旋转时,从动叉既可以随之转动,又可以绕十字轴中心平面摆动,这就适应了主、从动叉旋转所连接的两轴夹角变化的需要。但由于这种万向节连接的两轴的转速不相等,即主动叉匀速转动一周,从动叉的转速相对于主动叉在转一周中时快时慢变化四次,呈周期性变化,而且两轴夹角越大,这种不等速性越严重。这样,从动叉连接的部件会引起惯性附加载荷、振动、传动质量下降,从而影响零部件寿命。

(3)等速传动的正确应用

普通单万向节的不等速性,将使从动轴及与其相连的传动部件产生扭转振动,从而产生附加的反复载荷,会加剧零件的损坏,影响部件寿命。

　　为了消除单万向节不等速性带来的危害,人们在实践中发现,使用双万向节可以解决这个问题。只要第一个万向节两轴夹角 α_1 与第二个万向节两轴间夹角 α_2 相等,并且第一个万向节叉的从动叉与第二个万向节的主动叉在同一平面内,则经过双万向节传动,可以使第二个万向节从动轴与第一个万向节主动轴一样做等速转动,如图 5-3 所示。主、从动轴的相对位置是靠整机的总布置设计和总装保证的。传动轴两端万向节叉的相对位置则靠装配传动轴时保证。所以在拆修后安装时,必须注意传动轴两叉头在同一平面上。

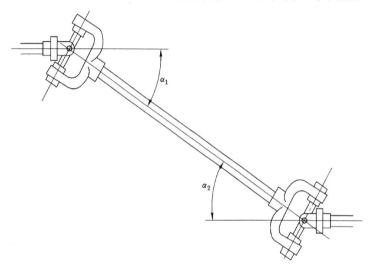

图 5-3　双万向节的等速传动布置

5.2.1.2　等速万向节

　　工程机械上的等角速万向节,常见的有双联式、三销式、球叉式和球笼式等类型。

　　(1) 双联式等速万向节

　　双联式等速万向节,结构简单,允许两轴有较大夹角(最大可达 $50°$),因而可以在转向驱动桥上使用。其缺点是外形尺寸较大,使驱动桥结构复杂,布置困难。

　　双联式等速万向节是两个普通十字轴万向节按等速条件的组合,如图 5-4 所示。

　　中间架 3 是将双万向节传动中的中间轴尽量缩短后,把两个在同一平

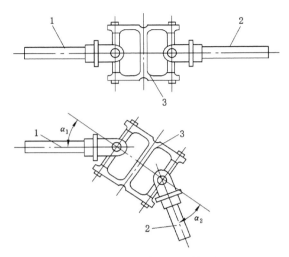

图 5-4　双联式万向节简图
1,2——轴；3——中间架

面上的万向节叉合在一起而成的。可见，当 $\alpha_1 = \alpha_2$ 时轴 1 和 2 的转角一定相等。为保持 α_1 和 α_2 始终相等，在双联式万向节的结构中必须装设分度机构，使中间架的轴线永远平分所连两轴的夹角。

图 5-5 所示为一种双联式等角速万向节结构。

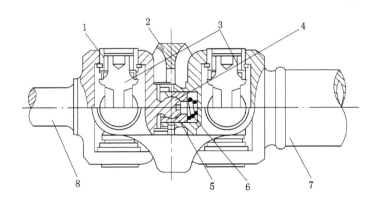

图 5-5　双联式等速万向节
1——滚针轴承；2——中间支架；3——十字轴；4——定心球头；5——锥形杯；
6——弹簧；7,8——轴

定心球头 4 和锥形杯 5 组成一副球铰结构,球铰中心位于两个十字轴中心连线的中点。当轴 7 相对轴 8 摆动时,分度机构使中间架 2 转到一定位置,保证两轴在不同交角传动时 α_1 和 α_2 近似相等。

(2)三销式等速万向节

三销式等速万向节与双联式等速万向节一样,是把普通万向节传动的中间轴尽量缩短而实现等速传动。它的最主要特点也是允许主、从动轴有较大夹角(可达 45°),而且外形尺寸比双联式等速万向节小,但比起后面介绍的球叉式等速万向节要大。

图 5-6(a)所示为三销式等速万向节。它主要由两个偏心轴叉 1、3,两个三销轴 2、4 和两个轴承及密封件等组成。主、从动偏心轴叉分别与内、外半轴制成一体。叉孔中心线与叉轴中心线互相垂直但不相交。两叉由两个三销轴连接,三销轴的大端有一穿通的轴承孔,其中心线与小端轴颈中心线重合。靠近大端两侧有两轴颈,其中心线与小端中心线垂直并且相交。装合时每一偏心轴叉的两叉孔与另一个三销轴的大端两轴颈配合,两个三销轴的小端轴颈相互插入对方的大端轴承孔内。这便形成了 $Q_1—Q'_1$、$Q_2—Q'_2$ 和 $R—R'_1$ 三根轴线,如图 5-6(b)所示。

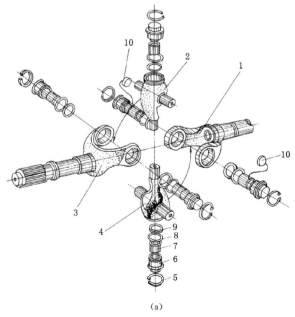

(a)

图 5-6　三销式等速万向节

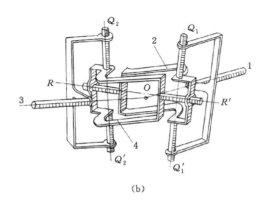

（b）

续图 5-6　三销式等速万向节

1——主动偏心轴叉；2、4——三销轴；3——从动偏心轴叉；5——卡环；

6——轴承座；7——衬套；8——毛毡圈；9——毛毡圈罩；10——止推垫片

在与主动偏心轴叉相连的三销轴的两个轴颈端和轴承座 6 之间装有止推垫片 10。其余各轴颈端面均无止推垫片，且端面与轴承座之间有较大的空隙，以保证在转向时三销万向节不致发生运动干涉现象。

（3）球叉式等速万向节

如图 5-7 所示，万向节叉 1 的作用力经过钢球 3 传给万向节叉 5，钢球沿着曲线槽 2 和 4 移动，曲线槽 2 和 4 分别在万向节叉中对称地配置着，并且位于两个互相垂直的平面上，如图 5-7（b）所示。曲线槽的中心线是两个以 O_1 和 O_2 为中心的半径相等的圆，如图 5-7（a）所示，从 O_1 和 O_2 至万向节中心点的距离相等。曲线槽的中心线在旋转时组成两个球面，两个球面相交于圆周 n。这个圆周即是钢球的运动轨迹。由于在两个万向节叉上曲线槽的位置是对称的，故当两轴交角为 α 时，所有钢球的中心始终位于 α 角的等分平面上。当以某一方向旋转时，作用力经一对钢球传递；当以另一方向旋转时，则经另一对钢球传递。

这些传力钢球总是位于两轴夹角的等分面上，保证了万向节中作用力经过钢球从一个万向节叉传至另一个万向节叉。这种关系可用一对齿数相同的锥齿轮来说明，如图 5-8（a）所示，齿轮轴线的交角为 α，两个齿轮轮齿的接触点 P 位于 α 角的等平分面内。P 点对于两个轴的圆周速度均相同，角速度也应相同。与此相似，在球式万向节里，不管 α 角如何变化，只要各钢球的中心始终在 α 角的等分平面，就可以实现等速传动，如图 5-8（b）所示。

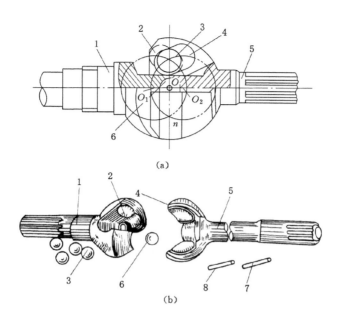

(a)

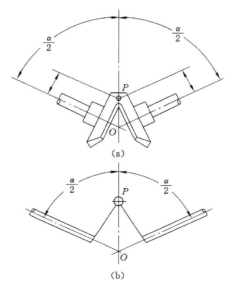

(b)

图 5-7　球叉式等速万向节

1,5——万向节叉;2,4——曲线槽;3——钢球;6——定位球;7,8——销钉

(a)

(b)

图 5-8　球叉式等速万向节原理

在球叉式万向节中,当两个万向节叉有不大的轴向相对位移时,各钢球的运动轨迹圆 n 就会有很大的变化,所以两个万向节叉应当精确地互相定位。为此目的,在两个万向节叉的端面之间放入定位球 6,如图 5-7(a)、(b)所示,销钉 7 插入定位球并把它固定起来,而销钉 8 又把销钉销在叉上。球面上的平面是为了拆装万向节时能使钢球通过而设计的。

球叉式万向节可以在两轴夹角不大于 32°～33°(180°减去 α 角)时正常工作,由于只有两个钢球传递力矩,钢球与曲线槽的挤压应力很大,故磨损较快。此外这种万向节制造工艺比较复杂,因此它只用于中小型工程机械。

(4)球笼式等角速万向节

如图 5-9 所示,这种结构中各钢球 6 位于通过万向节中心的平面内,并装在 6 个沿球面子午线做成的半圆形凹槽中,后者一方面做在外壳的内球面中,另一方面做在星形套 4 的外球面上。外壳 7、星形套分别与两个轴的末端相连,两个球面的中心可与万向节的中心相重合。

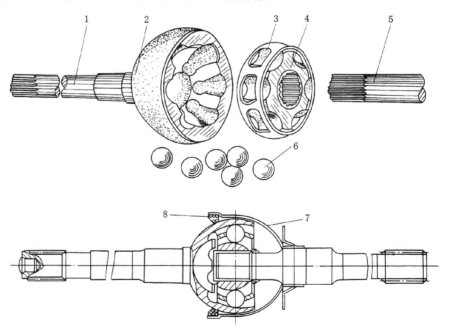

图 5-9　球笼式万向节

1——从动轴;2——球形壳;3——球笼;4——星形套;5——主动轴;6——钢球;

7——外壳;8——油封

在这种万向节中,不论正转或反转,从主动轴到从动轴的作用力是通过全部 6 个钢球传递的。因此,钢球与凹槽的接触应力较小。在外形尺寸、所传扭矩相近的情况下,球笼式万向节比球叉式万向节的使用寿命长,它可以在轴间夹角不大于 35°～37°时正常工作。但因球笼式万向节加工、装配精度要求高,因而生产成本较高,小型机械一般不采用。图 5-10 所示为球笼万向节在转向驱动轮上的应用。

球笼式等角速万向节新的结构比图 5-9 所示的结构要简单得多,主要是轴向定位方法简化了,如图 5-10 所示。

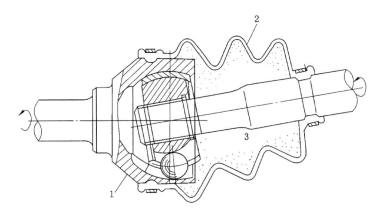

图 5-10　新型球笼式等速万向节
1——外形壳;2——防尘罩;3——润滑脂

为了保证传动轴在任何偏移角时,所有的钢球中心都位于偏移角的等分平面上,并防止钢球挤住或者脱落,因而各钢球装在球笼内。这种球笼式等速万向节可以在两轴交角达 42°情况下传递扭矩。

5.2.2　传动轴

传动轴是万向传动装置的组成部分之一。这种轴一般较长,转速高,并且由于所连接的两部件(如变速器与驱动桥)间的相对位置经常变化,因而要求传动轴长度也要能相应地有所变化,以保证正常运转。为此,传动轴结构(图5-11)一般具有以下特点:

(1)目前广泛采用的是空心传动轴(图 5-11 中的 4)。这是因为在传递相同大小的扭矩情况下,空心轴具有更大的刚度,而且重量轻,节约了钢材。

(2)传动轴是高速转动件,为了避免由于离心力而引起剧烈的振动,要求

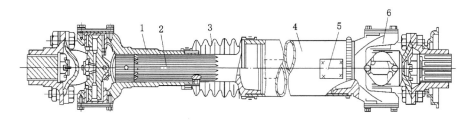

图 5-11　传动轴

1——万向节套管叉;2——花键接头轴;3——防尘罩;4——传动轴;5——平衡块;6——万向节叉

传动轴的质量沿圆周均匀分布。为此,通常不用无缝钢管,而是用钢板卷制对焊成管形圆轴(因为无缝钢管壁厚不易保证均匀,而钢板厚度较均匀)。此外,当传动轴和万向节装配以后,要经过动平衡试验,用焊小块钢片 5(称为平衡块)的办法使之平衡。平衡后应在叉和轴上刻上记号,以便拆装时保持二者原来的相对位置。

(3) 传动轴上通常有花键连接部分。如图 5-11 所示传动轴一端焊有花键接头轴 2,使之与万向节套管叉 1 的花键套连接。这样,传动轴总长度可以允许有伸缩。花键长度应保证传动轴在各种工作情况下既不脱开又不顶死。为了润滑花键,通过油嘴注入润滑脂,用油封和油封盖不使润滑脂外流,有时还加防尘罩(图 5-11 中的 3)。传动轴另一端则与万向节叉 6 焊接成一体。

为了减少花键轴和套管叉之间的摩擦损失,提高传动系的传动效率,近来有些工程机械已采用滚动花键来代替滑动花键,其结构如图 5-12 所示。

5.2.3　中间支承

当用万向传动装置连接的两部件相距较远时,为避免传动轴管过长而产生弯曲共振,必须将传动轴分段增设中间支承。通常中间支承安装在车架横梁上,除支承传动轴外,还应能补偿传动轴轴向和角度方向的安装误差,及作业时由于柴油机窜动或车架变形等而引起的位移。

图 5-13 所示为蜂窝软垫式中间支承,由支架、橡胶垫环、向心球轴承、轴承座和油封等组成。轴承 3 可在轴承座 2 内轴向滑动。轴承座装在蜂窝形橡胶垫 5 内,通过 U 形支架 6 固定在车架横梁上。由于采用弹性支承,传动轴可在一定范围内向任意方向摆动,并能随轴承一起做适当的轴向移动,因此能有效地补偿安装误差及轴向位移,此外,还可以吸收振动、减少噪声等。这种支承结构简单,效果良好,应用较广泛。

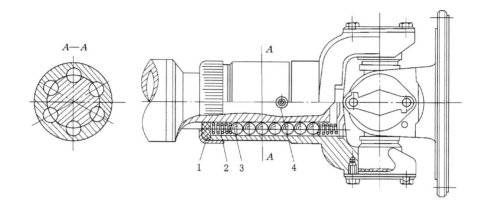

图 5-12　滚动花键传动轴

1——油封;2——弹簧;3——钢球;4——油嘴

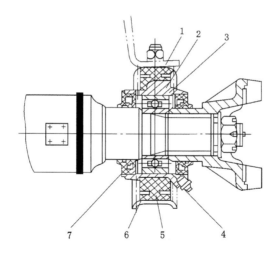

图 5-13　蜂窝软垫式中间支承

1——车架横梁;2——轴承座;3——轴承;4——注油嘴;5——橡胶垫;6——U 形支架;7——油封

有的工程机械采用摆动式中间支承,如图 5-14 所示。中间支承部分可绕支承轴 3 摆动,改善了传动轴轴向窜动时轴承的受力情况。此外,橡胶衬套 2 和 5 能适应传动轴在横向上少量的位置变化。

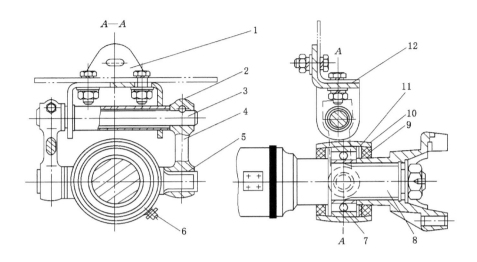

图 5-14　摆动式中间支承

1——支架；2,5——橡胶衬套；3——支承轴；4——摆臂；6——注油嘴；7——轴承；
8——中间传动轴；9——油封；10——支承座；11——卡环；12——车架横梁

5.3　万向传动装置的常见故障分析

　　万向传动装置在工作中，不仅要承受高转速大扭矩和冲击载荷，还会伴随着不断的振动。两轴间夹角不断地变化，致使万向传动装置振动频率也不断地变化，易引起各零件磨损、变形等。因此，万向传动装置常出现万向节与中间轴承松动、传动轴转动不平衡、异响等故障。

5.3.1　万向节与中间轴承松动

5.3.1.1　故障现象

　　车辆起步时虽然没有异响，但是当加速时，异响开始出现，脱挡滑行时异响更加明显。

5.3.1.2　故障原因分析与排除

　　伸缩叉安装错位，造成传动轴两端的万向节叉不在同一平面上；中间轴承磨损松动；润滑不良或轻度损伤；支架歪斜；横梁铆钉松动；减震橡胶垫块失效；万向节装配过紧，转动不灵活。

　　针对万向节与中间轴承松动这种故障的排除方法有：

（1）低速行驶时出现清脆而有节奏的金属敲击声,脱挡滑行时响声清晰存在,多数为万向节轴承外圈压紧装置过紧导致,使之转动不灵活,这种故障往往发生在拆修之后。

（2）提高车速后,响声过大,脱挡滑行尤为明显,直到停车后消失,一般为中间轴承发出响声。若响声浑浊、沉闷并且延续,说明轴承散架,可拆下传动轴挂挡运转,验证响声是否来自中间轴承。若响声是延续的,可旋松轴承盖螺栓。若响声消失,可将表面中间轴承安装倾斜。若仍有响声,则应检查轴承的润滑情况。若响声杂乱,时而出现不规则的撞击声,则应检查传动轴万向节叉的排列情况。

（3）高速时传动轴有异响,脱挡滑行时也不消失,则应检查中间轴承座圈表面是否有损伤及支架的安装情况。

5.3.2　传动轴转动不平衡

5.3.2.1　故障现象

传动轴转动不平衡,在机械行驶中将产生周期性的响声,速度越高响声越大。严重时,将使机身发抖,驾驶室振动,手握方向盘有震麻的感觉。往往在车辆起步时有撞击声,在行驶时当车速变换成高速或脱挡状态时,也有撞击声,整个行驶过程中,几乎撞击声不断。

5.3.2.2　故障原因分析与排除

传动轴某一凸缘连接处有松动、万向节轴颈部位有磨损、中间轴承支架固定螺栓松动等都可能导致传动轴转动不平衡的情况发生。传动轴是一个细而长的部件,在自身重力 F 的作用下,传动轴的中部会产生微量弯曲,形成挠度,如图 5-15 所示,这个挠度就是传动轴的质量中心与旋转轴心线的偏移量。这个偏移量在传动轴运转中所产生的离心力,会引起传动轴的进一步弯曲,并产生附加挠度 y。由于重力的大小是不变的,而离心力的大小和方向是变化的,故动轴弯曲的挠度也随之变化,其频率等于传动轴的转速。当传动轴的转速接近于它的弯曲固有振动频率时,就会产生共振现象。产生共振时,振幅将急剧增加,以致造成传动轴折断。这个使传动轴折断的转速称为传动轴的临界转速。

车辆行驶时突然改变速度时,总有一声金属敲击声,很有可能是个别凸缘或万向节轴承松动。制动减速时,传动轴出现沉重的金属撞击声。应检查后钢板弹簧上的骑马螺栓是否松动。起步或行驶中,始终有明显的异响并有振动感,则一般为中间轴承支架的固定螺栓严重松动或中间轴承损坏。起步和变换车速时,撞击声明显,车辆低速行驶比高速行驶时异响明显,表明中间轴承内座圈配合松动。停车后,目测晃动传动轴各部位,可以验证上述原因。

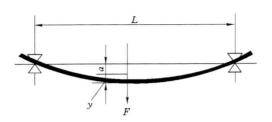

图 5-15 传动轴的弯曲振动

5.3.3 中间支承或传动装置异响

5.3.3.1 故障现象

在车辆起步时或突然改变车速时,传动装置发出"吭"的响声;在车辆行驶时发出"咣当咣当"的响声;车辆运行过程中出现连续的"呜呜"的响声;等等。

5.3.3.2 故障原因分析与排除

一般出现上述这几种情况的原因有:凸缘连接螺栓松动,万向节主、从动部分游动角度加大,万向节轴承磨损松动,万向节十字轴磨损严重,万向节凸缘盘连接螺栓松动,伸缩叉磨损松动,滚动轴承缺油烧蚀或磨损严重,中间支承安装方法不当造成附加载荷而产生异常磨损,橡胶圆环损坏,车架变形造成前、后连接部位的轴线在水平面内的射影不同线产生磨损等。

针对这些故障原因,排除方法有:

(1)用榔头轻轻敲击各万向节凸缘盘连接处,检查其松紧度,太松则故障是连接螺栓松动引起的。

(2)检查万向节凸缘盘连接螺栓,若松动,则故障是由此引起的。

(3)用两手分别握住万向节及伸缩叉的主、从动部分,检查游动角度。万向节游动角度太大,则异响是由此引起的,伸缩叉游动角度太大,则异响是由此引起的。

(4)给中间轴承加注润滑脂,松开夹紧橡胶圆环的所有螺钉,待传动轴转动数圈后再拧紧。

第6章 轮胎式机械驱动桥

6.1 轮胎式机械驱动桥概述

轮胎式机械驱动桥是指轮胎式机械变速器或传动轴之后、驱动轮之前的所有传动机构的总称。它主要由主传动装置、差速器、半轴、最终传动装置、桥壳等组成,如图 6-1 所示。

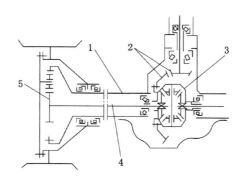

图 6-1 轮胎式机械驱动桥简图

1——桥壳;2——主传动;3——差速器;4——半轴;5——最终传动

轮胎式机械驱动桥的作用是:通过主传动锥齿轮改变传力方向;通过主传动和轮边减速器将变速器输出轴的转速降低,增大扭矩;通过差速器解决左右车轮差速问题;通过差速器和半轴将动力分传给驱动轮。此外,驱动桥壳还起承重和传力作用。

6.2 轮胎式机械驱动桥的结构组成

6.2.1 主传动装置

主传动装置(履带式机械称中央传动装置)主要是用于将变速器传来的动力进一步降低转速,增大扭矩,并将动力的传递方向改变90°后经差速器传至轮边减速器。

(1) 按齿轮副的结构形式可分为直齿锥齿轮主传动装置[图 6-2(a)]、零度圆弧锥齿轮主传动装置[图 6-2(b)]和螺旋锥齿轮主传动装置[图 6-2(c)]三种。

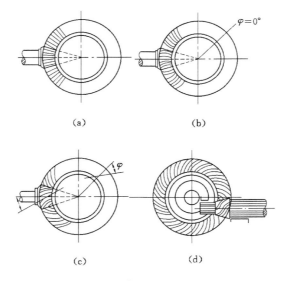

图 6-2　主传动装置齿形分类

直齿锥齿轮制造简单,轴向力较小,没有附加轴向力。但不发生根切的最少齿数较多(最少齿数为 12),同时参与啮合的齿数少,传动噪声较大,齿轮的强度不高。

零度圆弧锥齿轮螺旋角 φ 等于零,没有附加轴向力。这种齿轮在传动平稳与齿轮强度方面比直齿锥齿轮好,但比螺旋锥齿轮差。最少齿数和轴向力与直齿锥齿轮相同。

螺旋锥齿轮螺旋角 φ 不等于零,齿轮的最少齿数可以减少到 6 个,因此,在同样的传动比下可以减小从动锥齿轮的直径,从而减小了整个驱动桥壳的尺寸。此外,由于同时参与啮合的齿数较多,齿轮的强度较大,传动平稳。但有了螺旋角 φ 使螺旋锥齿轮除了产生一般锥齿轮所具有的轴向力外,还有附加力,加重了轴承负担。

另外,还有一种双曲线齿轮[图 6-2(d)],其主、从动齿轮的轴线不相交而偏移一定距离,这给总体布置带来一定方便。

(2)按减速齿轮的级数可分为单级主传动装置和双级主传动装置。

主传动装置仅由一对圆锥齿轮组成的称为单级主传动,如图 6-3(a)所示。但在某些情况下为了获得较高的传动比,或者为了得到较小的驱动桥体积,可将主传动装置设计成双级形式,如图 6-3(b)所示。双级主传动装置由两对齿轮组成,第一级为一对圆锥齿轮 1 和 2;第二级为一对圆柱齿轮 3 和 4。对于一定的主传动比,双级主传动与单级主传动相比较,可适当减小从动锥齿轮的直径,从而减小驱动桥尺寸,增加离地间隙。目前机械上采用单级形式较多。

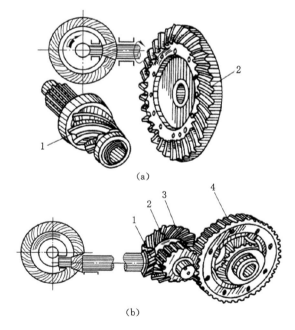

(a)

(b)

图 6-3　主传动装置级数分类

(a)单级主传动装置;(b)双级主传动装置

1——主动锥齿轮;2——从动锥齿轮;3——主动圆柱齿轮;4——从动圆柱齿轮

6.2.2　差速器

　　差速器主要用于保证内、外侧车轮能以不同的转速旋转,从而避免车轮产生滑磨现象。当机械转向时,外侧车轮的转弯半径大于内侧车轮的转弯半径,故外侧车轮的行程大于内侧车轮的行程。因此,内、外侧车轮应以不同的转速旋转。

　　当机械直线行驶时,由于轮胎气压不等而导致车轮直径不等,或行驶在高低不平的路面上时,同样使内、外侧车轮转速不等。在此情况下,若将两侧车轮用一根整轴连接,就会产生一侧车轮保持纯滚动,另一侧车轮就必须一边滚动一边滑磨,这样滑磨将引起轮胎的加速磨损,从而导致转向困难、增加功率消耗。在驱动桥两半轴之间装上差速器,可以保证两侧车轮以不同的转速旋转,避免车轮产生滑磨现象。

　　轮胎式机械所采用的差速器结构及工作原理都基本相同,主要由壳体、十字轴、行星齿轮和半轴齿轮等组成,如图 6-4 所示。

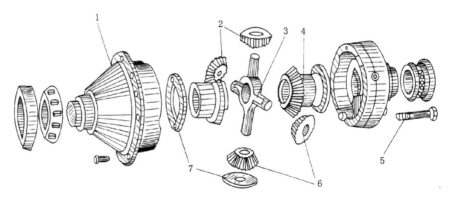

图 6-4　差速器

1——差速器壳;2,6——行星齿轮;3——十字轴;4——半轴齿轮;5——螺杆;7——垫片

　　差速器壳体由左、右两半壳组成,用螺栓固定在一起。整个壳体的两端以锥形滚柱轴承安装在主传动装置壳体的支座内,上面用螺钉固定着轴承盖。两轴承的外端装着调整圈,用以调整轴承的紧度,并能配合主传动齿轮轴轴承壳与壳体之间的调整垫片,调整主、从动锥形齿轮的啮合间隙和啮合印痕。为防止松动,在调整圈外缘齿间装有锁片,锁片用螺钉固定在轴承盖上。十字轴的 4 个轴颈分别装在差速器壳的轴孔内,其中心线与差速器的分界面重和。从动齿轮固定在差速器壳体上,这样当从动齿轮转动时,便带动差速器壳体和

十字轴一起转动。

4 个行星齿轮分别活动地装在十字轴的轴颈上,两个半轴齿轮分别装在十字轴的左右两侧,与 4 个行星齿轮常啮合。半轴齿轮的延长套内表面制有花键,与半轴内端部花键连接,这样就把十字轴传来的动力经 4 个行星齿轮和两个半轴齿轮分别传给两个半轴。行星齿轮背面做成球面,以保证更好地定中心以及和半轴齿轮正确地啮合。

行星齿轮和半轴齿轮在传动时,其背面和差速器壳体会造成相互磨损。为减少磨损,在它们之间装有止推垫片,若垫片磨损,只需更换垫片即可,这样既延长了主要零件的使用寿命,也便于维修。另外,差速器工作时,齿轮又和各轴颈及支座之间有相对转动,为保证它们之间的润滑,在十字轴上铣有平面,并在齿轮的齿间钻有小孔,供润滑油循环。在差速器壳上还制有窗孔,以确保桥壳中的润滑油出入差速器。

有一种差速器叫强制锁止式差速器。这种差速器是在普通差速器的结构中增加了一个能使左、右两半轴连成一体的装置——差速锁,让普通差速器不起差速作用。强制锁止式差速器由普通差速器和牙嵌式闭锁器及其控制机构组成的差速锁装置两部分组成,如图 6-5 所示。

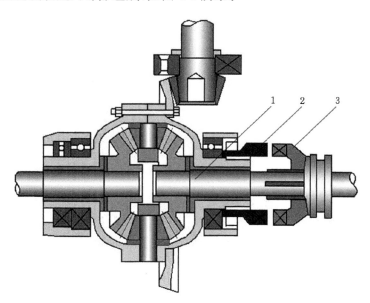

图 6-5　强制锁止式差速器

1——半轴;2——固定牙嵌;3——滑动牙嵌

右半轴上装有端面带齿(牙嵌)的接合套,接合套以花键与半轴相连,接合套上制有环槽,以便让拨叉套住,再通过控制机构操纵,使接合套沿半轴轴向滑动,在差速器壳右端面上制有相应的牙嵌。差速锁的接合套在图6-5所示位置时,牙嵌是不啮合的,差速锁不起作用,仍按普通差速器的状况工作。当机械进入泥泞或冰雪等困难路段时,可通过控制机构拨动接合套左移与牙嵌啮合,使差速器的行星齿轮、半轴齿轮相对于差速器壳都不能相对转动,差速器即被"锁住",这时,左、右两根半轴被刚性地连成一根整轴,而不再起差速作用。这样,当一侧驱车轮打滑无牵引力时,从主传动装置传来的扭矩全部分配到另一侧的驱动轮上,获得较大牵引力,驶出泥泞、冰雪等困难路段。当驶出难行路段后,应及时松开差速锁,使差速器恢复正常功能,否则会造成转向操纵困难、机件过载。

6.2.3 半轴及桥壳

6.2.3.1 半轴

半轴的作用是将主传动装置传来的动力传给最终传动,或直接传给驱动轮(在没有最终传动的情况下)。

轮胎式机械驱动桥的半轴是一根两端带有花键的实心轴,一端插在半轴齿轮的花键孔中,另一端插到最终传动的太阳轮的花键孔中,经过行星齿轮与行星齿轮架将扭矩传到轮毂上带动驱动轮旋转。

根据半轴与轮毂在桥壳上的支撑形式不同,半轴分为半浮式、全浮式和3/4浮式,如图6-6所示。

由于轮毂是通过两个滚锥轴承装到桥壳上,因此,驱动轮受到的各种反力(阻力矩除外)均由桥壳承受,半轴仅受到纯扭矩作用,而不承受任何弯矩,这种半轴称为全浮式半轴。全浮式半轴结构受力状态好,各种轮胎式机械上几乎全部采用全浮式半轴。

6.2.3.2 驱动桥壳

轮胎式机械驱动桥壳是一根空心梁,其结构形式有整体式和分段式两种。作用是支撑并保护主传动装置、差速器、半轴和最终传动等零部件,并通过适当方式与机架相连,以支承整机重量,并将路面的各种反力传给机架。一般工程机械主传动装置的驱动桥壳一般分左、中、右三段,用焊接连成整体(图6-7),经油气悬挂液压缸及连杆系统安装在车架上,承受车架传来的载荷并传递到车轮上。桥壳中段安装主传动装置、差速器等零部件,桥壳左、右两段完全相同,用来安装最终传动和轮毂等零部件。主传动装置和差速器预先装在主传动装置壳内,然后将主传动壳用螺栓固定在驱动桥中

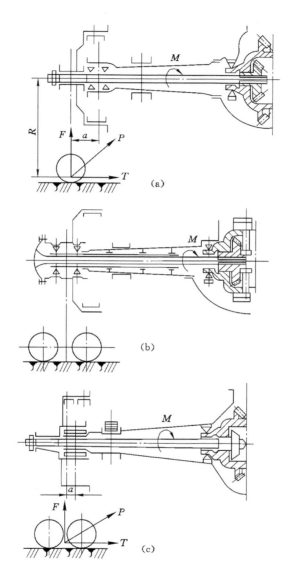

图 6-6 半轴支撑形式简图
(a) 半浮式;(b) 全浮式;(c) 3/4 浮式

段。这种桥壳当拆卸或检修内部机件时,不需要将整个驱动桥拆下来,使维修比较方便,故这种形式的桥壳应用较广泛。

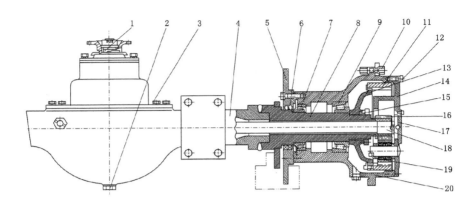

图 6-7 驱动桥桥壳总成

1——主动螺旋锥齿轮;2——螺塞;3——螺栓;4——桥壳;5——制动盘;6——油封;

7,9——轴承;8——轮边支承轴;10——轮辋;11——内齿圈;12——螺栓;13——轮架;

14——行星轮架;15——螺母;16——太阳齿轮;17——端盖;18——半轴;

19——行星轮;20——轮毂

6.2.4 轮边减速器

轮边减速器是传动系中的最后一个装置,故亦称最终传动装置,主要用于进一步减小转速、增大扭矩。

轮边减速器是一个单排行星齿轮机构,所以叫行星齿轮减速器,主要优点是传动比大、体积小,并且在轮边安装布置都比较方便、合理。

轮胎式工程机械的轮边减速器的结构基本一致,主要由太阳齿轮、齿圈、行星齿轮和行星架组成,如图 6-8 所示。

太阳齿轮以花键和半轴连接,并随半轴转动。为使太阳齿轮与行星齿轮正确地啮合,载荷分配均匀,太阳齿轮和半轴的端部都是浮动的,不加轴承支承。

齿圈以齿与齿圈支架啮合,为防止齿圈移动,装有卡环,并用点焊将齿圈和卡环焊死。齿圈支架以花键与桥壳连接,并用锥套和两个锁紧螺母固定。

行星齿轮与太阳齿轮和齿圈常啮合,它通过滚针轴承装在齿轮轴上。轴压入行星齿轮架的孔内,轴的端部制成平面,以防止其转动。行星架用轴销和壳体连接,外端装有端盖,并用螺钉将端盖和行星架一起固定在壳体上。

壳体固定在轮毂上,轮毂由两个锥形轴承分别支撑在齿圈支架和桥壳上。

在轮边减速器端盖和行星架上设有加(检)油口,并用螺塞封闭。为防止

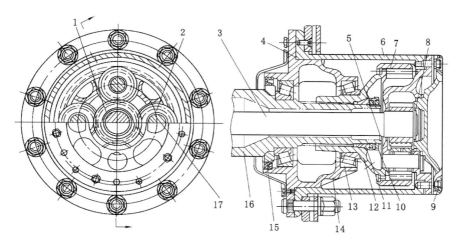

图 6-8　轮式工程机械轮边减速器

1——太阳齿轮；2——行星齿轮；3——半轴；4——密封圈；5——行星架；6——壳体；7——齿圈；
8——卡环；9——端盖；10——锁紧螺母；11——锥套；12——齿轮支架；13——滚柱轴承；
14——轮毂；15——油封；16——桥壳；17——行星齿轮轴

润滑油外漏，在端盖和行星架、壳体和轮毂接合处分别装有 O 形密封圈，在轮毂和桥壳接合处装有骨架式自紧油封。

轮边减速器的工作原理是：当半轴带动太阳齿轮转动时，太阳齿轮即驱动行星齿轮绕其轴转动。由于行星齿轮又和齿圈啮合，所以行星齿轮既自转又沿齿圈公转，将半轴传来的动力，经太阳齿轮、行星齿轮、行星架传给壳体和轮毂，使车轮转动。

前右轮边减速器与后右轮边减速器相同，前左轮边减速器与后左轮边减速器一样。

6.3　轮胎式机械驱动桥的常见故障分析

机械作业或行驶时，由于承受着较大的变动载荷，随着机械作业时间和行驶里程的增加，驱动桥常出现异常响声、过热和漏油等故障。

6.3.1　驱动桥异响

机械在行驶过程中产生的响声，应均匀柔和，没有尖刺和突出的怪声。若响声超出此范围，则属于异常响声。引起驱动桥异响的原因比较复杂，零部件不符合规格、装配时安装和调整不当、使用日久磨损过甚等，在作业或行驶时均会出现各种不正常的响声。有的在加大油门时严重,有的在减小油门时严重,有的有规律,有的无规律,但它们的共同点则是响声随着运动速度的提高而增大。

6.3.1.1　主传动装置异响

（1）故障现象

机械做直线和转向行驶时,其响声均比较明显。

（2）故障原因分析与排除

① 齿轮啮合间隙过大。机械在行驶时出现无节奏的"咯噔咯噔"的撞击声。在机械运动速度相对稳定时一般不易出现,而在变换速度的瞬间或速度不稳定时比较容易出现。

② 齿轮啮合间隙过小。机械在行驶时出现连续的"嗷……"的金属挤压声,严重时如同消防车上警笛的叫声。这主要是齿轮啮合间隙调整过小或润滑油不足造成的。响声随着机械运动速度的提高而加大,加速或减速时均存在。在这种情况下,驱动桥一般会有发热现象。

③ 齿轮啮合间隙不均。机械在行驶时出现有节奏的"更更更"的响声。响声随机械运动速度提高而加大,加速或减速时都有。严重时驱动桥有摆动现象。主要是由于从动锥齿轮齿圈在装配时不当,或工作中从动锥齿轮固定螺栓松动而出现偏摆,使之与主动锥齿轮啮合不均而发出响声。

对于齿轮啮合间隙不当引起的锥齿轮响声,主要是由于装配调整不当所造成的,因此在检修时应加强装配中的检查。尤其是从动锥齿轮与差速器壳的配合面必须清理干净,不得有碰伤和毛刺等现象。主动锥齿轮预紧度调整应正确。

6.3.1.2　差速器异响

（1）故障现象

机械转向行驶时,其响声明显。

（2）故障原因分析与排除

① 齿轮啮合不良。当机械直线行驶速度达到 15～20 km/h 时,一般会出现"嗯嗯"的响声,车速越高响声越大,减油门时响声比较严重,转弯时除此响声外,又出现"咯噔咯噔"的声音,严重时驱动桥还伴随着抖动现象。这是由于行星齿轮与半轴齿轮啮合间隙过大、行星齿轮与半轴齿轮齿面磨损严重或齿轮断裂所引起的,应选配适当厚度的垫片进行调整或更换损伤的齿轮。

② 行星齿轮与十字轴卡滞。机械在低速行驶,尤其是在转弯时出现"卡叭卡叭"的响声。直线低速行驶有时也能听到,但行驶速度提高后,响声一般

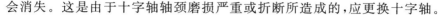

会消失。这是由于十字轴轴颈磨损严重或折断所造成的,应更换十字轴。

③ 齿面擦伤。机械直线高速行驶时,出现"呜呜"的响声,减小油门时响声严重,转弯时又变为"嗯嗯"的响声。轻微的擦伤可用油石或锉刀修正,严重时应更换齿轮。

6.3.1.3　轴承异响

(1) 故障现象

机械在行驶过程中,响声始终存在。

(2) 故障原因分析与排除

① 轴承间隙过小。机械在行驶时会发出较均匀的"嘎嘎"的连续声,比齿轮啮合间隙过小的声音尖锐,机械运动速度越高响声越大,加速或减速时均存在,同时驱动桥会出现发热现象。

② 轴承间隙过大。机械在行驶时发出的是较为复杂的"哈啦哈啦"的响声,机械运动速度越高响声越大,突然加速或减速时响声比较严重。

轴承间隙过大或过小均应重新进行调整,如发现轴承有损伤现象,应进行更换。另外,润滑油数量不足或润滑油质量不符合要求,也会引起不同程度的异常响声,因此应加强机械在使用中的维护和保养。

6.3.2　驱动桥发热

(1) 故障现象

驱动桥发热是指驱动桥在工作一段时间后,其温度超过了正常温升的允许范围,用手摸就能够检查出来,会有烫手的感觉。驱动桥发热主要产生的地方是驱动桥的主减速器、差速器及最终传动装置。

(2) 故障原因分析与排除

① 润滑油数量不足,或润滑油质量不符合要求。润滑油数量不足主要是由于未按规定数量进行加注或因渗漏引起的油量减少。润滑油质量不符合要求主要是由于润滑油牌号选择不当,或被氧化、污染等变质所引起的。当驱动桥出现润滑油渗漏现象时,应及时修复渗漏部位,并按规定数量加注润滑油。若发现润滑油变质或牌号选择不当,应彻底进行更换。

② 轴承间隙过小,或轴承损坏。轴承间隙过小是由于装配与调整不当所致,应按技术要求重新装配调整轴承间隙。否则极易引起温度升高,同时加剧轴承磨损,造成轴承损坏。

③ 主、从动锥齿轮啮合间隙过小。这是由于装配与调整不当所致,应按技术要求重新装配调整主、从动锥齿轮啮合间隙。

④ 差速器齿轮啮合间隙过小。这是由于行星齿轮或半轴齿轮垫片选择

不当所造成的,装配时应选择厚度适当的垫片进行调整。

⑤ 半轴与桥壳碰擦或制动不能彻底解除。机械经常在恶劣环境中行驶,由于颠簸、紧急制动等原因而造成半轴或桥壳变形,引起半轴与桥壳碰擦。应及时进行校正或更换新件。当车轮制动器不能彻底解除制动时,摩擦片与制动鼓产生摩擦,温度迅速上升。此时应检查制动系统或调整制动间隙。

驱动桥发热可根据发热的部位判明发热的原因,如轴承处发热时,可判断是轴承引起的发热;整个驱动桥壳体发热时,可能是齿轮啮合不正常或者缺油所引起的,要及时加注符合标准的润滑油。

6.3.3 驱动桥漏油

（1）故障现象

驱动桥漏油一般是发生在桥包处或最终传动装置处,而且大多数密封处与接合面外漏。驱动桥漏油一般能直接发现,主要是由于油封损坏、轴颈磨损、衬垫损坏、螺栓松动等原因所造成的。

（2）故障原因分析与排除

驱动桥漏油主要是由于密封件或密封垫损坏所致,前者主要是最终传动装置油封损坏导致,后者主要是由于驱动桥壳、最终传动接合面等漏油所致。

当发现漏油现象时,应根据损伤的部位和损伤的状况,采取紧固或换件的方法予以消除。以免造成润滑油数量的不足,而导致润滑条件变差,加剧零件的磨损,以及环境的污染。

第7章 履带式机械驱动桥

7.1 履带式机械驱动桥概述

　　履带式机械驱动桥的作用是降低转速、增大扭矩、传递动力,并且还担负着转向和制动的任务。履带式机械驱动桥由中央传动装置(与轮胎式机械主传动装置结构原理相同)、转向制动装置和侧传动装置组成,如图7-1所示。

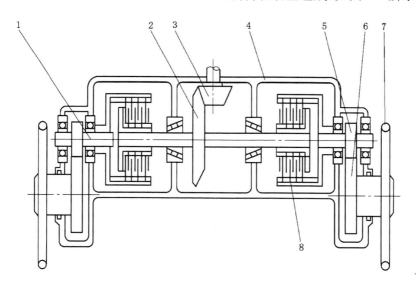

图7-1　履带式机械驱动桥示意图

1——半轴;2,3——中央传动锥齿轮;4——驱动桥壳;5,6——最终传动齿轮;

7——驱动轮;8——转向离合器

　　中央传动装置、转向制动装置和侧传动装置都装在一个整体的桥壳内。桥壳分隔成三个室。中室内安装中央传动装置,室的前壁有孔与变速器相通,形成共用油池,油面的高度由变速器的油尺检查。在连通孔中有一专用油管,保证机械在倾斜位置时,中央传动齿轮室内有一定的油量。左、右两室分别装有转向制动装置,在采用干式转向离合器时,室内不应有油污;在采用湿式转向离合器时,室内应加注适量的机油,为防止窜油,在室的侧壁装有油封。三个室底部各有一个放油螺塞。

侧传动装置分别装在后桥壳左、右室的外侧,由侧盖与后桥壳组成侧传动齿轮室,室的后部有检(加)油口,室底部有放油螺塞。

在桥壳的底部装有左、右后半轴,作为整个驱动桥的支撑轴。此轴的左、右两端装在行驶装置的轮架上。此轴同时也作为侧传动装置最后一级从动齿轮和驱动轮的安装支撑。

7.2 履带式机械驱动桥的结构组成

7.2.1 中央传动装置

7.2.1.1 作用和类型

中央传动装置的作用是降低转速、增大扭矩,并将动力的传递方向改变90°后再传给转向离合器。

履带式机械一般都装有侧传动装置作为最后一级减速,所以中央传动装置大多是由一对锥形齿轮组成的单级减速器。目前,重型履带式机械上均采用螺旋锥形齿轮中央传动装置。

7.2.1.2 组成和结构

中央传动装置主要由主动锥形齿轮、从动锥形齿轮、中央传动轴、轴承、油封和接盘等组成,如图 7-2 所示。

主动锥形齿轮与变速器从动轴制为一体。从动锥形齿轮通过螺栓固定在中央传动轴的接盘上。中央传动轴通过两个锥形滚柱轴承支承在中室两隔壁上。轴的两端以锥形花键安装着接盘,并用螺母紧固。此接盘外侧与转向离合器轴接盘固定,这样能使每个转向离合器拆装时都不影响中央传动装置齿轮副的啮合。为了调整中央传动轴轴向间隙和齿轮的啮合间隙,在轴承座与隔壁间装有调整垫片,每侧垫片的总厚度不小于 1.5 mm。

7.2.2 转向制动装置

7.2.2.1 作用和组成

转向制动装置的作用是根据工程机械行驶和作业的需要,切断或减小一侧驱动轮上的驱动扭矩,使两边履带获得不同的驱动力和转速,以使工程机械

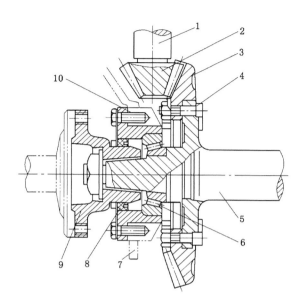

图 7-2　中央传动装置

1——变速器从动轴；2——主动锥形齿轮；3——从动锥形齿轮；4——螺栓；5——中央传动轴；

6——轴承；7——后桥箱隔壁；8——油封；9——接盘；10——调整垫片

以任意的转向半径进行转向，并能够通过制动装置保证机械在坡道上可靠停车。

　　转向制动装置安装在中央传动装置和侧传动装置之间，主要由转向离合器、转向制动液压系统和制动器等三部分组成。

7.2.2.2　转向制动装置

　　（1）转向离合器

　　转向离合器采用湿式、多片、弹簧压紧、液压分离、常接合的形式，其结构如图 7-3 所示。

　　中央传动轴靠轴端的花键带动接盘，利用接盘通过螺钉把动力传给左、右转向离合器的主动鼓。主动鼓外圆上加工有花键，利用花键带动主动摩擦片，每两片主动摩擦片之间都装有一从动摩擦片。被压缩的弹簧作用在主动鼓的端面上推动活塞，通过螺钉拉动压盘，从而把主、从动摩擦片压紧，靠摩擦力使从动摩擦片转动，从动摩擦片利用其外圆上的齿带动从动鼓。驱动盘是利用螺钉与从动鼓连接在一起的，于是中央传动轴传来的动力就可以通过驱动盘中间的花键传递给侧传动装置。

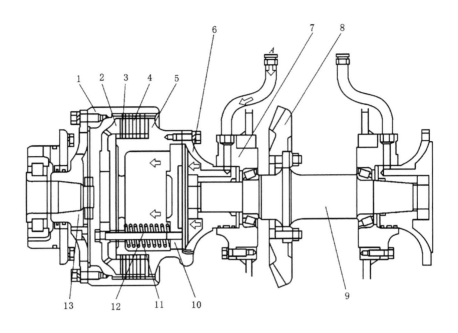

图 7-3 转向离合器

1——从动鼓;2——压盘;3——从动摩擦片;4——主动摩擦片;5——主动鼓;6——接盘;

7——轴承座 8——从动锥齿轮;9——中央传动轴;10——活塞;11——弹簧;

12——螺钉;13——驱动盘

转向离合器的操纵由液压系统控制。机械转向时,转向制动液压系统的压力油进入转向离合器,压力油从 A 处沿管子进入转向离合器、接盘、主动鼓和活塞组成的封闭腔,于是压力油推动活塞压缩弹簧,使活塞向左移动,从而使压盘向左移动,使主、从动摩擦片分离,摩擦力消失,从动鼓失去动力,转向离合器分离。若只是左转向分离,则机械向左转向。如果再踩下制动踏板,利用制动带使从动鼓制动,则机械将原地左转向。

（2）转向制动液压系统

转向制动液压系统总成包括分流阀、主溢流阀、转向离合器操纵阀、同步阀、制动助力器和安全阀。转向阀总成安装在后桥箱上平面中间部位。

（3）制动器

制动器采用湿式、浮动带式、机械操纵、液压助力的形式。

7.2.3 侧传动装置

侧传动装置位于转向离合器的外侧。其作用是再次降低转速、增大扭矩，并将动力经驱动轮传给履带。

7.3 履带式机械驱动桥的常见故障分析

7.3.1 驱动桥异响

7.3.1.1 故障现象

中央传动装置的异常响声主要包括齿轮异响和轴承异响。

（1）齿轮异响

齿轮异响一般由齿面加工精度低、啮合间隙与啮合印痕调整不当、壳体形位误差超限等原因引起。

① 调整不当使啮合间隙过小，会发出"嗡嗡"的金属挤压声。

② 轮齿磨损、齿面疲劳剥落或调整不当等使啮合间隙过大，会产生撞击声。

③ 啮合间隙不均或个别轮齿折断会发出有节奏的不均匀响声。

④ 连续 2～3 个轮齿折断会停止传递动力。

（2）轴承异响

轴承异响一般由轴承磨损、安装过紧、轴承歪斜、调整不当及壳体与轴产生变形等原因引起。

① 轴承磨损或调整不当使轴承间隙增大，两锥齿轮不能保持在正确位置，尤其在使用转向离合器时，产生轴向力，使从动锥齿轮左右窜动，失去正常啮合，以致轴承发出杂乱的"哈啦哈啦"响声，同时齿轮也会发出异响。

② 调整不当使轴承间隙过小，会发出较均匀的连续的"嘤嘤"响声。

③ 壳体或轴变形等使轴承间隙不均，会发出有规律的连续响声。

7.3.1.2 故障原因分析与排除

驱动桥异响主要是由于轴承磨损、安装过紧、轴承歪斜、壳体与轴变形所导致的，横轴锥轴承间隙不正常也可能导致这种故障。在根据上述的现象分析方法逐一排查，确定故障发生点后进行排除。

7.3.2 驱动桥发热

7.3.2.1 故障现象

履带式机械驱动桥发热，主要是中央传动齿轮室发热，引起发热的原因主要是由于齿轮啮合间隙过小、轴承间隙过小、轴承歪斜、滚动体间有杂物、润滑

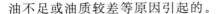

油不足或油质较差等原因引起的。

7.3.2.2　故障原因分析与排除

转向离合器或转向制动器工作不正常也会引起整个桥箱发热,可根据中央传动室与转向离合器室的温差加以判别,并在查明原因的基础上进行故障排除。

7.3.3　转向离合器打滑

7.3.3.1　故障现象

机械行驶、作业无力;一侧离合器打滑,直线行驶时会自行跑偏,负载大时更为明显;两侧离合器都打滑时,作业中当机械阻力增大时,行驶速度降低较多,而内燃机转速下降较少。

另外,湿式离合器还有油温升高等现象。干式转向离合器还有发热、冒烟,严重时出现臭味等现象。

7.3.3.2　故障原因分析与排除

湿式转向离合器打滑的主要原因有:活塞与弹簧压盘间的距离增大;弹簧有折断或变形;摩擦片磨损过甚;等等。

干式转向离合器打滑的主要原因有:摩擦片有油污或磨损严重;弹簧失效或折断;操纵杆无自由行程;操纵杆与橡胶缓冲垫间有杂物;等等。

作业中观察机械行驶速度和内燃机转速变化情况;行驶中查看是否自行跑偏;在主离合器和转向制动器工作正常的情况下,同时将两个制动器踏板踩到底,内燃机不熄火(要求 3 s 内熄火),甚至转速下降少,即说明转向离合器打滑。

另外,干式转向离合器室废油过多,导致摩擦片上有油污,也会造成转向离合器打滑。

7.3.4　转向离合器分离不彻底

7.3.4.1　故障现象

当拉动一边转向杆时,机械不能进行小转弯或转弯太慢;两个转向杆全拉开时,机械不能完全停止。

7.3.4.2　故障原因分析与排除

湿式转向离合器分离不彻底的原因是:进入转向的油压不够;连接盘和活塞以及进油管上的密封圈发生损坏,导致压力油泄露或缺油;调整不当;等等。

干式转向离合器分离不彻底的原因是:操纵杆自由行程过大;分离机构调整不当;等等。

第8章 转 向 系

8.1 转向系概述

8.1.1 转向系的作用

工程机械在行驶和作业中改变和恢复其行驶方向的过程称之为转向。就大多数轮胎式工程机械而言,改变行驶方向的方法是:操作人员通过一套专设的机构,使工程机械转向轮在地面上偏转一定角度来实现。工程机械在直线行驶时,往往转向轮也会受到路面侧向干扰力的作用,自动偏转而改变方向。此时,操作人员也可以利用这套机构使转向轮向相反方向偏转,从而使其恢复原来的行驶方向。这一套用来改变或恢复工程机械行驶方向的专设机构,称为工程机械的转向系统。

转向系统的作用是:使工程机械在行驶中能按操作人员的要求适时地改变其行驶方向,并在受到路面传来的偶然冲击而意外地偏离行驶方向时,能与行驶系配合共同恢复原来的行驶方向,即保持其稳定地直线行驶。

转向系统对工程机械的性能影响很大,良好的转向性能不但是保证安全行驶的重要因素,而且也是减轻操作人员的劳动强度、提高工作效率的重要方面。

8.1.2 转向系的分类

根据转向传动形式的不同,分为机械式转向、液压助力式转向和全液压式转向。

(1)机械式转向

机械式转向系以操作人员的体力作为转向能源,其中所有的传力元件都是由机械零件构成的。

机械式转向系的主要优点是:结构简单、制造方便、工作可靠;缺点是:转向沉重、操纵费力。机械式转向系多用在中小型的工程机械上。

(2)液压助力式转向

液压助力式转向系是在机械式转向系的基础上,增设了一套液压助力系统。在转向时,转动方向盘的操纵力已不作为直接迫使车轮偏转的力,而是使控制阀进行工作的力,车轮偏转所需的力则由转向液压缸产生。

液压助力式转向系的主要优点是:操纵轻便、转向灵活、工作可靠,可利用油液阻尼作用吸收、缓和路面冲击,目前被广泛应用于重型工程机械上;缺点是:结构复杂、制造成本高。

（3）全液压式转向

全液压式转向又称摆线转阀式液压转向。它主要由转向阀与摆线齿轮马达组成的液压转向器、转向液压缸等组成。

全液压式转向又可分为全液压偏转前轮转向和全液压铰接式转向。全液压式转向常用在操作人员远离前轮,或在作业中操作人员与车架的位置发生变化(如挖掘机)的机械上。全液压转向的优点是:整个系统在机械上布置灵活方便,体积小、重量轻,操作省力。随着全液压转向器的标准化、系列化程度的提高,其结构越简单成本也越低,所以用此种转向方式的机械日益增多。

8.2 转向系的结构组成

液压偏转车轮式转向系与液压铰接式转向系常见故障基本相同,下面介绍几种转向系统的常见故障。

8.2.1 机械式转向系

偏转车轮式机械转向系主要由转向盘、转向器和转向传动机构组成。在转向时,主要是通过操作人员转向转动盘,通过转向轴带动相互啮合的蜗杆和齿扇,使转向垂臂绕其轴摆动,再经过纵拉杆和转向节臂使转向轮绕主轴偏转。

8.2.1.1 转向器

转向器的功能是将驾驶员施加于转向盘上的作用力矩放大,传递给转向传动机构,使机械准确地转向。

轮式工程机械的转向器类型很多,目前普遍采用的是循环球式、蜗杆曲销式和球面蜗杆滚轮式三种。

（1）循环球式转向器

循环球式转向器多用于装载机和载重机械上,主要由螺杆、方形螺母、钢球、齿扇和转向器壳体组成。

当转动转向盘时,转向轴带动螺杆转动,通过钢球将力传给螺母,螺母产生轴向移动,并通过齿条带动齿扇及与齿扇制成一体的转向垂臂轴转动,经转向传动机构使机械转向。与此同时,由于摩擦力的作用,所有钢球在螺杆与螺母之间流动,形成"球流"。钢球在螺母内绕行两周后,流出螺母、进入导管,再由导管流向螺母内球道始端。如此循环流动,故这种转向器称为循环式转向器。

（2）蜗杆曲销式转向器

蜗杆曲销式转向器分为单销式和双销式两种。一般结构主要由转向蜗杆、曲柄、曲柄销及转向器壳体组成。

在转向时,转向盘带动蜗杆转动,使曲柄销在自转的同时绕着与曲柄连接成一体的转向垂臂的轴线做圆弧运动,从而使转向垂臂轴转动,通过转向传动机构使机械实现转向。

（3）球面蜗杆滚轮式转向器

球面蜗杆滚轮式转向器壳体内装有蜗杆滚轮传动副,其主动件是凹球面蜗杆,从动件是表面切有 3 道环状齿的滚轮。球面蜗杆两端用滚子轴承支撑在转向器壳体上,滚轮借滚针轴承安装于滚轮轴上,滚轮轴支撑在和转向垂臂轴制成一体的支座上面。

转动转向盘时,通过转向轴带动球面蜗杆旋转,滚轮在绕滚轮轴自转的同时,还沿着蜗杆的螺旋线滚动（公转）,从而带动滚轮架及转向垂臂摆动,通过转向传动机构使转向轮偏转。

8.2.1.2　转向传动机构

转向传动机构的组成主要由转向垂臂、转向纵拉杆、转向节臂、左右梯形臂和转向横拉杆等组成。机械转向时,各部件的相对运动不在同一平面上,故它们之间的连接均采用球铰连接,以防产生运动干涉。

（1）转向垂臂

转向垂臂与转向垂臂轴一般采用锥形三角齿花键连接,并用螺母锁紧,为保证转向垂臂从中间向两边有相同的摆动范围,常在转向垂臂及其轴上刻有安装标记。转向垂臂与纵拉杆相连的一端一般做成锥孔,孔中装有入球头销,并用螺母锁紧。

（2）转向纵拉杆

转向纵拉杆主要由球头销、球头碗、弹簧、弹簧座、螺塞、杆身等组成。纵拉杆在转向时既受拉又受压,通常采用钢管材质制成,并尽量呈直线形。

（3）转向横拉杆

转向横拉杆主要由杆身及球铰接头组成,轮式机械的转向横拉杆杆身主

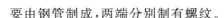

要由钢管制成,两端分别制有螺纹。

8.2.2 液压助力式转向系

轮式机械工作环境的恶劣,工程机械常常在山地施工,作业过程中机体沉重,使用宽基的低压轮胎较多,转向阻力会较大,而且连续作业会使转向操纵频繁,操作人员的劳动强度极大,如完全依靠人力转向,很难做到轻便、迅速。因此,目前大多数轮式机械采用的是动力转向系统。

（1）偏转车轮式液压助力转向系统

偏转车轮式液压助力转向系统结构组成主要包括转向器、转向阀、转向液压缸等。

转向器和转向阀制为一体,固定在车架上。转向液压缸的活塞杆与转向节臂铰接,缸体铰接在前梁上,为固定端,液压系统的结构主要由油泵、转向阀、单向阀、溢流阀等组成。直线行驶时,转向阀的阀芯位置不动,油泵产生的压力油经过转向阀后直接回油箱,转向器不工作。当转向盘转动时,由于地面转向阻力增大,使得转向阀的阀体打开,压力油经过转向阀后到达液压缸,使液压缸活塞伸出（或收回）,实现转向。

（2）铰接式液压助力转向系统

ZL50/ZL50G 型装载机采用的是铰接式液压助力转向系统,由转向油泵提供的油经过稳流阀,以恒定的流量供给转向器。

直线行驶时,方向盘处于中间位置,转向泵提供的液压油经稳流阀、高压油管到转向器,从转向器回油口经冷却器直接回到油箱,转向液压缸的两腔处于封闭状态。

当方向盘向左转时,从转向泵出来的高压油被转向器分配给左液压缸有杆腔和右液压缸无杆腔,使前车架向左偏转,从而实现左转向。

当方向盘向右转时,从转向泵出来的高压油被转向器分配给左液压缸无杆腔和右液压缸有杆腔,使前车架向右偏转,从而实现右转向。

8.2.3 全液压式转向系

全液压式转向系主要由转向器、转向油泵、转向液压缸等组成。这种转向系取消了转向盘和转向轮之间的机械连接部分,只有油管进行连接。与其他转向系相比较,全液压式转向系具有操纵轻便灵活、结构紧凑、易于安装布置等优点;缺点是路感不明显,转向后转向盘不能自动回位,发动机熄火后手动转向比较费力。

（1）直线行驶

方向盘不转动时,转阀处于中立位置,摆线齿轮马达的进、出口及转向液

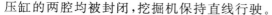

压缸的两腔均被封闭,挖掘机保持直线行驶。

（2）左转向行驶

行驶中需要左转向时,将方向盘向左转动,使转阀的阀芯相对阀套转动一个角度,接通转向液压缸的油路。当方向盘停止转动时,通往转向液压缸的油路被切断,即可向左保持某个转弯半径行驶;如需继续向左转向,再向左转动方向盘即可实现;当行驶中需要向左急转弯时,将方向盘快速而又连续不停地向左转动,即可向左急转弯(直至最小转弯半径)行驶。

（3）右转向行驶

行驶中需要右转向时,将方向盘向右转动,转向原理与上述左转向基本相同,只是转向液压缸的进、出油和车轮偏转的方向相反。

（4）手动转向行驶

柴油机需要拖启动或行驶中突然熄火时,油泵停止供油,此时摆线齿轮马达成为手动齿轮油泵向转向液压缸供油而实现手动转向行驶。转向液压缸活塞杆伸出或缩回,使车轮向左(右)偏转,以适应行驶转向的需要。

8.3 转向系的常见故障分析

液压偏转车轮式转向系与液压铰接式转向系常见故障基本相同,下面介绍几种转向系统的常见故障。

8.3.1 转向沉重

8.3.1.1 故障原因分析

转向沉重即转向盘在操纵时,转向盘阻力过大,这是转向系统里最常见的故障之一。

引起转向不稳的故障原因有很多,结合目前常用工程机械可能存在的故障原因,具体归纳如下:

（1）转向器传动机构啮合间隙过小或轴承过紧、损坏。

（2）转向轴弯曲或管柱变形导致互相摩擦。

（3）转向盘转向轴衬套端面相磨。

（4）转向器壳体内缺油。

（5）主销推力轴承缺油或装配不当。

（6）转向节与前轴配合间隙过大。

（7）转向节主销与衬套配合过紧或推力轴承缺油。

（8）横、纵拉杆球头销过紧或缺油。

（9）转向轮定位失准,轮胎气压不足。

8.3.1.2　故障排除方法

结合上述故障原因,下面列举具体排除方法:

（1）转向器传动机构啮合间隙过小或轴承过紧、损坏的故障,采用调整或更换的方法进行排除。

（2）转向轴弯曲或管柱变形导致互相摩擦的故障,采用校正、修复的方法排除。

（3）转向盘转向轴衬套端面相磨的故障,采用修理的方法排除。

（4）转向器壳体内缺油的故障,采用加注齿轮油的方法排除。

（5）主销推力轴承缺油或装配不当的故障,采用润滑或调整的方法排除。

（6）转向节与前轴配合间隙过大的故障,采用调整的方法进行排除。

（7）转向节主销与衬套配合过紧或推力轴承缺油的故障,采用调整或注油的方法排除。

（8）横、纵拉杆球头销过紧或缺油的故障,采用调整或注油润滑的方法排除。

（9）转向轮定位失准、轮胎气压不足的故障,采用调整或充气的方法排除。

8.3.2　转向不稳

8.3.2.1　故障原因分析

转向不稳是指转向轮摇摆不定,方向盘摆动不易控制。引起转向不稳的原因有很多,下面总结几个主要的原因:

（1）转向器传动机构配合间隙过大。

（2）横、纵拉杆球头销磨损松旷或弹簧折断。

（3）转向器壳固定螺栓松动。

（4）转向节主销和衬套配合间隙过大。

（5）前轮不平衡过大。

（6）前轮毂轴承间隙过大。

（7）前束值不正确。

（8）转向器安装松动。

8.3.2.2　故障排除方法

结合上述故障原因,下面列举具体排除方法:

（1）转向器传动机构配合间隙过大的故障,通常采用调整或更换的方法进行排除。

（2）横、纵拉杆球头销磨损松动或弹簧折断的故障,通常采用调整或更换的方法进行排除。

（3）转向器壳固定螺栓松动的故障,通常采用拧紧的方法进行排除。

（4）转向节主销和衬套配合间隙过大的故障,通常采用更换衬套的方法进行排除。

（5）前轮不平衡的故障,通常采用调整的方法进行排除。

（6）前轮毂轴承间隙过大的故障,通常采用调整或更换的方法进行排除。

（7）前束值不正确的故障,通常采用调整或更换的方法进行排除。

（8）转向器安装松动的故障,通常采用紧固的方法进行排除。

8.3.3　行驶跑偏

8.3.3.1　故障原因分析

行驶跑偏是指在行驶作业过程中,机械方向偏向一边的情况。引起这种现象的原因有很多,下面总结几点主要原因:

（1）左、右轮胎气压不等或安装不正确。

（2）前轮毂轴承左、右松紧度不一。

（3）钢板弹簧 U 形螺栓松动。

（4）一边制动不能解除或轴承过紧。

（5）前轮定位失准。

（6）横拉杆臂弯曲变形。

8.3.3.2　故障排除方法

结合上述故障原因,下面列举具体排除方法:

（1）左、右轮胎气压不等或安装不正确的故障,通常采用按标准充气或正确安装的方法进行排除。

（2）前轮毂轴承左、右松紧度不一的故障,通常采用调整的方法进行排除。

（3）钢板弹簧 U 形螺栓松动的故障,通常采用校正、紧固的方法进行排除。

（4）一边制动不能解除或轴承过紧的故障,通常采用调整的方法进行排除。

（5）前轮定位失准的故障,通常采用调整的方法进行排除。

（6）横拉杆臂弯曲变形的故障,通常采用校正、修复的方法进行排除。

第9章 制 动 系

9.1 制动系概述

对行驶中的工程机械施加阻力,用以消耗机械行驶中的动能,强制其减速以至完全停车,这种作用称为对工程机械实施制动。用于使机械制动的一套系统,称为工程机械的制动系。制动系中比较常见的方式是利用摩擦来消耗机械行驶中的动能而产生制动。

9.1.1 制动系的作用

制动系工作性能的好坏,直接关系到机械行驶和作业的安全,因此,它是提高行驶速度和作业效率的重要前提条件。目前,工程机械上都设有可靠的制动系统,并且具有以下主要作用:

(1)根据需要强制行驶中的机械减速或停车。

(2)保证机械在坡道上稳定停车而不溜坡。

(3)下长坡时维持机械行驶速度的稳定。

(4)履带式机械还可以操纵一侧的转向制动器进行单边制动,以达到快速转向的目的。

9.1.2 制动系的分类

工程机械的制动系统包括脚制动装置、手制动装置和辅助制动装置。

由操作人员通过脚踏板操纵的一套制动装置,称为脚制动装置。它主要用于机械行驶中制动减速或制动停车,因此,又称为行车制动装置。由于该制动装置中制动器作用在车轮上,所以也叫作车轮制动装置。由操作人员通过制动手柄操纵的一套制动装置,称为手制动装置。它主要用于坡道停车或机械停驶后,使其可靠地保持在原地,防止溜坡,因此,又称为停车制动装置。该装置中制动器作用在传动轴上,所以也叫中央制动装置。有些工程机械,为增加行车安全,还装有一套辅助制动装置。目前,工程机械上的辅助制动装置多采用发动机排气制动。

综上所述,无论是脚制动装置还是手制动装置,整个制动系包括作用不同的两大部分,即制动器和制动传动机构。其中用来直接产生迫使车轮转速降低的制动力矩的那一部分,称为制动器。它的主要部分是由旋转元件(如制动鼓)和固定元件(如制动蹄)组成的摩擦副。一般在机械的全部车轮上都装有制动器。另一部分如制动踏板、制动总泵和制动分泵等,总称为制动传动机构,其作用是将来自操作人员或其他力源的作用力传到制动器,使其中的摩擦副互相压紧,达到制动的目的。

制动系统的形式较多,根据其结构和所用制动力源及传力介质的不同,大体上可分为机械式、液压式、气压式、气压液压式等几种。其中,液压式和气压液压式在工程机械中应用较为广泛。

9.2 制动系的结构组成

9.2.1 液压传动式制动系统

液压式制动传动机构是利用专用的油液作为传力介质,将操作人员加于制动踏板上的力转变为液体的压力,并将其放大后传给制动器,使机械制动。

液压式制动传动机构的优点是:结构简单紧凑、工作可靠、制动柔和、润滑良好。缺点是:制动力矩较小、制动效能稍差。

有些工程机械采用的是液压式制动传动机构。如图 9-1 所示,最基本的液压式制动传动机构主要由制动总泵、制动分泵、制动踏板及油管等零部件组成。

踏下制动踏板时,总泵内的油液在活塞的作用下,以一定压力通过油管,送至各分泵,推动分泵活塞时,迫使其向两侧移动而推动制动蹄压紧制动鼓,产生制动作用。当制动踏板松回后,总泵活塞在弹簧的作用下被推开,液体压力降低,这时各车轮的制动蹄则被回位弹簧拉回,分泵的油便流回总泵而消除制动作用。

管路油压和制动器产生的制动力矩与踏板力呈线性关系。若轮胎与路面的附着力足够,则机械所受到的制动力也与踏板力呈线性关系。制动系的这项性能称为制动踏板感(或称路感),操作人员可因此而直接感觉到机械制动强度,以便及时加以必要的控制和调节。

制动系统中若有空气侵入,将严重影响液压的升高,甚至使液压系统完全失效,因此在结构上必须采取措施以防空气侵入,并便于将已侵入的空气排出。

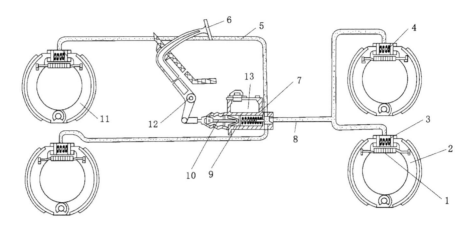

图 9-1　液压式制动传动机构简图

1——回位弹簧；2,11——制动蹄；3——制动分泵；4——分泵活塞；5,8——油管；6——制动踏板；
7——制动总泵；9——总泵活塞；10——推杆；12——轴销；13——储液室

9.2.2　气压液压式制动系统

有些机械采用气压式制动传动机构，所有车轮的制动汽缸都互相连通，工作气压完全相等，这种形式的制动传动机构称为单管路制动系统。尽管单管路制动系统结构简单，但如果任何一个通向制动汽缸（或分泵）的管路发生漏气（漏油），都将导致整个制动系统失灵。由于气压液压式制动系统的结构原理基本包含了单纯气压式的制动系统相关结构和原理，因此，本书将针对气压液压式制动系统的结构、部（组）件和工作原理进行阐述，不再单独讲解气压式制动系统。

为了确保行车安全，近年来许多工程机械上采用了双管路制动传动机构，即通向所有制动汽缸（或分泵）的管路分属两个独立的管路系统。这样，即使其中一个管路系统失灵，另一管路系统仍能正常工作。这套系统是在液压制动传动机构的基础上增加了一套气压系统以及采用了钳盘式制动器，因此，称为双管路气压液压盘式制动系统。它具有气压式和液压式制动系统的综合优点，即气压传动工作可靠、操纵轻便省力，液压传动结构紧凑、制动平顺、润滑良好。

以某型工程机械制动系统为例，其结构原理如图 9-2 所示。从图中可以看出，由发动机带动的空气压缩机排出的压缩空气经油水分离器和双回路保险阀向左、右两个储气筒充气，左、右储气筒监测仪显示气压，从左、右储气筒出来的气体分别通过脚制动阀的两个进气口进入脚制动阀。制动时，踏下制动踏板,由脚制动阀出来的两路气体分别通前、后气液总泵,气液总泵排出的高压制动液,通过管路进入轮边制动器制动钳的分泵,推动活塞将摩擦片与制动盘压紧而起到制动作用。同时,在通往后气液总泵的压缩空气中分出两路:一路通变速器脱挡阀使变速器脱挡,切断动力;一路通往后拖车,控制拖车的制动。气液总泵的前腔与变速器脱挡阀和气制动接头相连。需要注意的是:挂拖车时,出车前务必打开分离开关,不挂拖车时,务必关闭,以保证操作人员和机械的安全。

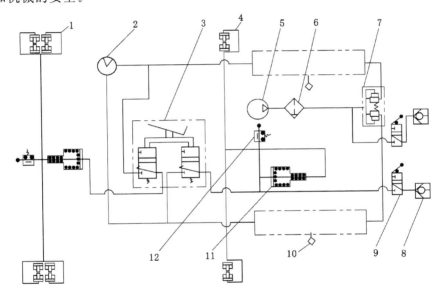

图 9-2 气压液压盘式制动系统

1,4——制动钳;2——电子监测仪;3——脚制动阀;5——空气压缩机;6——油水分离器;
7——双回路保险阀;8——气制动前接头;9——分离开关;10——手动放水阀;
11——气液总泵;12——变速器脱挡阀

9.3 制动系的常见故障分析

9.3.1 气压式制动系统常见故障分析

9.3.1.1 制动不灵或失灵

（1）故障现象

机械在行驶或作业过程中,当踏下制动踏板时,机械不能迅速减速或无制

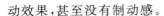

动效果,甚至没有制动感。

(2)故障原因分析与排除

① 空气压缩机因使用过久,各部位机件磨损严重导致工作不良,使供气能力衰退,储气筒内无法储存压力气,导致制动力减小,空气压缩机皮带过松或折断也可能导致供气能力下降,或者不能供气。

② 空气滤清器堵塞导致供气困难。

③ 气压控制阀调整的压力过低,造成供气系统内气压过低。

④ 冬季供气管路内的积水或油水分离器分离出的水结成冰块造成堵塞,供气气路供气不良。

⑤ 制动管路有破裂、管接头松动漏气、控制阀关闭不严、整片膜片破裂等,都会造成漏气现象,会导致制动不良。

⑥ 制动阀平衡弹簧弹力过小,使进气阀门过早关闭而切断制动气路,使制动汽缸内的气体压力不能升高,导致制动力下降。

⑦ 制动阀的活塞密封圈损坏,进气阀上方胶垫与芯管密封不良,都会造成漏气而使制动力下降。

⑧ 制动传输管道、制动汽缸、快速放气阀密封不严,制动时就会漏气,都会导致制动不良。

⑨ 制动凸轮轴因锈蚀而制动困难或转角过大,导致制动力减小。

⑩ 制动器摩擦系数减小,使制动力减小。

针对气压式制动系统制动不灵或失灵这种故障及相关可能的故障原因,故障排除的方法步骤有:

① 启动发动机,进行中速运转数分钟,观察气压表读数是否符合要求,如果气压读数偏低,踩下制动踏板后,再松踏板时放气很强劲,说明气压表损坏,故障不在制动器,如果没有放气声或者放气声很小,则应该检查空压机传动皮带是否折断、松弛或者打滑,查明原因并予以排除,若空压机传动皮带工作正常,则应该拆下空压机出气管检查,如果排气很慢或者不排气,则应该检查排气阀是否漏气,弹簧弹力是否减弱或者折断,缸盖衬垫是否损坏,汽缸壁及活塞是否磨损过度等,根据检查的具体情况对空压机进行及时修复。

② 如果气压表读数正常,但是发动机熄火后,气压表指针缓缓下降,则说明系统内漏气,应该检查制动阀、制动管路是否漏气,查明原因并予以排除。

③ 启动发动机,观察气压表指针指示气压上升速度正常,但是气压没有达到规定值就不再上升,说明压力调节阀调整压力过低,应该对压力阀进行检查修理。

④ 如果气压表读数正常,发动机熄火后气压也能正常保持,但是踩下制动踏板后有漏气声,则应该检查制动阀,如有漏气声,说明制动阀制动不良,需要拆下制动阀进行检修;如果制动阀没有漏气声,应该检查制动气室或制动软管有无漏气地方,根据具体漏气地点及时进行修复。

⑤ 如果踩一次制动踏板,气压表指针下降值少于规定值,说明制动阀平衡弹簧调整压力过小,应该重新调整。

⑥ 如果踩一次制动踏板,气压表指针下降正常,说明制动不良是制动器的摩擦系数减小或者制动蹄的支撑销锈蚀导致。如果长时间下漫长坡连续踩制动,制动不良是使用不当导致,应该让机械适当修整。如果机械涉水、洗车后发现制动不良,则说明是制动摩擦系数下降所致,可以采取低速行驶且轻踩制动的方法,使制动器摩擦发热,蒸发水分即可。

⑦ 如果发动机熄火后,气压能够保持正常,踩下制动踏板后也不漏气,但是制动不灵,应该检查制动踏板自由行程是否过大。如果过大,则应该调整至标准状态,进而检查各制动气室推杆伸张情况,如果伸张行程过大,一般是由于制动鼓与摩擦片之间间隙过大导致,应该及时予以调整。

⑧ 如果上述现象都不存在,则说明制动不良是时由于制动蹄摩擦片与制动鼓贴合不良或摩擦片磨损过度导致,应该及时更换摩擦片或进行修复。

9.3.1.2 制动跑偏

（1）故障现象

制动跑偏是指工程机械在行驶或作业过程中,当踩下制动踏板后,机械偏离原来的方向行驶。

（2）故障原因分析与排除

机械制动时跑偏,主要原因是在同一轴上的左、右轮制动效果不一致,按照要求,机械车轮制动力的合力作用线应该与质心的纵向中心线重合。如果左、右车轮的制动力不等,则制动合力的作用线偏离纵向中心线,产生一个旋转力矩,使机械制动时跑偏。左、右车轮制动力相差太大,制动时产生的旋转力矩则越大,制动就会跑偏。造成制动跑偏的主要原因有:

① 左、右车轮制动鼓和摩擦片之间的间隙不相等。

② 左、右车轮制动器摩擦片材质不同或者接触面积相差悬殊。

③ 某车轮摩擦片有油污。

④ 某车轮制动鼓的圆柱度误差过大。

⑤ 某车轮制动气室的推杆弯曲。

⑥ 左、右车轮制动蹄的回位弹簧弹力不等。

⑦ 左、右车轮的轮胎气压不一致。

⑧ 某侧制动软管堵塞老化。

⑨ 车架、转向系有故障。

⑩ 制动时左、右车轮的地面制动力不等。

针对气压液压式制动系统制动跑偏这种故障及相关可能的故障原因,具体故障排除步骤如下:

① 进行路试,找出制动效果不好的车轮,如果行驶方向向右偏斜,则说明左边车轮制动有问题;反之,则说明右边车轮制动有问题。

② 找出制动延迟或者制动力不足的车轮后,踩住制动踏板,注意观察该车轮的制动气室、管路或接头部位是否有漏气现象,如果制动气室有漏气声音,则可能是膜片损坏,如果没有漏气的声音,注意观察制动气室推杆的伸张速度是否相等、有无歪斜或卡住的情况。

③ 如果左、右两侧的制动气室推杆伸张速度都相等,继续检查制动气室推杆行程是否过大,如果过大则应该调整至符合要求;如果推杆行程正常,则继续检查制动器内是否有油污或泥水的情况。

④ 如果上述检查均没有问题,检查左、右两侧的轮胎气压是否一致。如果不符合规范,则需要按要求补气。

9.3.1.3 制动拖滞

（1）故障现象

机械解除制动后,制动蹄摩擦片与制动鼓之间仍有摩擦,行驶时会感觉到有阻力,用手触摸制动器,感到发热。

（2）故障原因分析与排除

制动器在解除制动状态后,制动蹄与制动蹄之间应保持一定的间隙(即制动间隙),非制动状态下不论什么原因使制动间隙消失,均会引起制动拖滞。一般全部车轮均有制动拖滞的情况,多为制动阀出现了故障,单个车轮出现拖滞的情况,一般是制动器及制动管路出现了故障。具体故障产生的原因如下:

① 全部车轮均有制动拖滞的情况,一般是制动阀有故障,如果制动阀的活塞回位弹簧弹力下降了,不能将制动管道内的气路与大气相通,管道内气体压力就不能下降,使气室内气压不能解除。还有可能是制动阀排气阀弹簧折断或制动橡胶座变形或脱落导致制动拖滞。

② 单轴车轮出现拖滞的情况,主要受快速放气阀的影响,如果快速放气阀的排气口堵塞,解除制动时使单轴两车轮制动气室内的压缩空气不能放掉,则该轴车轮的制动力不能解除。

③ 单个车轮出现拖滞的情况,多数是因为制动器和制动气室的故障。如果制动鼓与摩擦片间隙过小,制动蹄支撑销处锈蚀卡滞,制动凸轮轴与支架衬套卡滞,制动蹄回位弹簧出现失效的情况,制动气室推杆伸出过长或弯曲变形卡住,制动气室膜片老化或破损等都可能导致单个车轮出现拖滞。

针对气压液压式制动系统制动拖滞这种故障及相关可能的故障原因,具体故障排除步骤如下:

① 如果机械不能起步,或是起步后行驶阻力过大,则需停车观察各车轮制动气室的推杆,如果制动气室的推杆均未收回,即为车轮均制动拖滞,应该检查制动踏板自由行程;如果没有自由行程,则需要进行调整;如果自由行程正常,则多为制动阀有故障,应该查明原因并予以排除。

② 如果用手触摸同轴上的两车轮感到发热,则说明是单轴车轮制动拖滞,故障在与此轴有联系的快速放气阀,应该拆解放气阀,查明原因予以排除。

③ 如果有个别制动鼓发热,或者两个发热的制动鼓不在同一轴上,则为单个车轮拖滞。检查时踩抬制动踏板,观察该车轮制动气室推杆回位情况,如果推杆回位缓慢,或者不回位,则需要拆下调整臂,再进一步检查推杆回位的情况,检查推杆是否有弯曲或歪斜的情况,如果有伸出过长,可根据情况进行调整。

④ 如果制动气室推杆回位正常,则应该检查该车轮轮毂轴承预紧度及制动间隙。具体方法是:将有制动拖滞的车轮支起,如果能自由转动,说明车轮轮毂轴承过松,应该调整轴承预紧度;如果车轮有摩擦,应该将制动间隙调大一些;如果调整后车轮转动仍有摩擦,则需调整制动间隙;如果感到费力,则说明是制动器出现了烧蚀引起的拖滞;如果调整制动间隙无效,则说明该车轮制动器的回位弹簧失效或是脱落所导致的,则应该进一步查明原因并排除。

9.3.2 液压传动式制动系统常见故障分析

9.3.2.1 制动失灵

(1)故障现象

机械在行驶或作业过程中,当踏下制动踏板时,机械不能迅速减速或无制动效果;当各车轮制动力矩不一致时,机械产生侧向滑移。

(2)故障原因分析与排除

① 系统油压过低或无油压。

② 脚制动阀、制动阀漏油。

③ 油路中有空气。

④ 制动液压缸漏油。

⑤ 制动油路中有空气。

⑥ 制动液压缸活塞卡滞。

⑦ 制动蹄处有油污,摩擦系数降低。

针对液压传动式制动系统制动失灵这种故障及相关可能的故障原因,具体故障排除步骤如下:

① 连续踩几下踏板,踏板不升高,同时也感到没有阻力,应该检查总泵是否缺油。如果油位不够,应该添加相同型号的油液,并排除管路中的空气。如果油液没问题,再进一步检查前、后制动油管是否有润滑油或损坏的情况。如果钢管损坏,应该进行修复或更换。

② 踏下制动踏板,如果没有连接感,则把踏板至总泵的连接脱开,在车下面进行检查,即可发现脱开部位,按照之前的连接关系连接好。

③ 踩下制动踏板,虽感到有一定的阻力,但是踏板位置保持不变,能明显下沉,从车下面发现总泵有滴油或喷油的现象,这种情况是总泵的皮碗破裂,此时应该分解总泵,进行修复或更换。

④ 如果上述检查均正常,则有可能是总泵里面的皮碗被踩翻,此时应该分解总泵,进行皮碗更换。

9.3.2.2 制动效果不好

（1）故障现象

制动不能解除主要表现为机械起步时阻力较大,速度不能随油门加大而提高,严重时机械不能行走。工程机械在作业过程中,往往一脚制动不能减速停车,需要连续踩几脚制动,制动效果也不是很理想,踩下踏板后,从其高度看情况还比较正常,但是感觉较软,机械不能立即减速停车。

（2）故障原因分析与排除

① 制动分泵或油管里有空气。

② 踏板自由行程过大。

③ 总泵出油阀损坏或补偿孔和通气孔堵塞。

④ 总、分泵皮碗损坏老化。

⑤ 总、分泵活塞与缸臂磨损严重。

⑥ 油管破裂。

⑦ 油管接头脱落、漏油。

⑧ 摩擦片与制动鼓之间间隙过大。

⑨ 摩擦片油污硬化或者松动。

⑩ 制动鼓或制动蹄过薄。

针对液压传动式制动系统制动效果不好这种故障及相关可能的故障原因,具体故障排除步骤如下:

① 连续踩下几下制动踏板,逐渐升高,升高后不抬脚继续往下踩,感到有弹力,松开踏板后停一会儿再踩。如没有变化,则说明制动系内有空气,应予以排气处理。

② 一脚制动不灵,连踩几下制动踏板,制动踏板位置逐渐升高并且制动效果良好,说明踏板自由行程过大或是摩擦片与制动鼓之间间隙过大。应先检查调整制动踏板的自由行程,使其在规定范围内,再进一步检查摩擦片与制动鼓之间的间隙。

③ 如果连续踩下制动踏板后,踏板位置能逐渐升高,当升高后,不抬脚继续往下踩感觉不到有弹力而是有下沉的感觉,说明制动系中可能有漏油的情况,或是总泵油阀关闭不严,应该检查油管、油管接头,以及总泵、分泵的位置是否有漏油的地方,如有,则需立即进行更换或修复。

④ 当踩下踏板时,踏板位置很低,连踩几下踏板,位置还不能升高,一般是总泵通气孔堵塞,应该检查调整。

⑤ 当踩下踏板后,踏板位置高度满足要求,但是制动效果不好,则应该是车轮制动器的故障,此时应分解车轮制动器,根据具体情况采取相应的修理方法。

9.3.2.3 制动跑偏

(1) 故障现象

制动时,同轴两边的车轮不能同时起制动作用,甚至一边车轮制动,一边车轮没有制动,使机械在制动时向一边倾斜。

(2) 故障原因分析与排除

① 两边制动毂与制动蹄摩擦片之间间隙不一致。

② 两边车轮制动蹄摩擦片与制动毂接触面相差过大。

③ 两边车轮制动毂内径相差过大。

④ 两边车轮制动器回位弹簧弹力不一样。

⑤ 两边车轮分泵活塞磨损不一样。

⑥ 某边车轮分泵管路中有空气。

⑦ 某边车轮制动鼓过薄。

⑧ 两边轮胎气压不一样。

⑨ 某边车轮制动蹄摩擦片有油污。

针对液压传动式制动系统制动跑偏这种故障及相关可能的故障原因,具体故障排除步骤如下:

① 进行路试,当机械运行过程中减速制动时,如果行驶方向向右偏斜,则说明左边车轮制动延迟;反之,则说明右边车轮制动有问题。

② 找出制动延迟或者制动力不足的车轮后,仔细检查该车轮制动管路有无碰瘪、漏油的现象,如果有这种情况,则应该查明原因并排除故障。

③ 如果该车轮外观完好,可以对该轮分泵进行放气,如果放气后发现制动跑偏现象消除,则说明故障发生在制动分泵的管路中,应该及时查明原因并排除故障。

④ 如果没有气阻的现象,则应该检查该轮摩擦片与制动鼓之间的间隙,如有,则检查调整制动间隙。

⑤ 如果制动间隙符合要求,则进一步检查该车轮轮胎气压和磨损程度是否符合要求,如果有问题则予以排除。

⑥ 经检查上述情况均没有问题,则说明故障发生在车轮制动器内部,需要拆开检查,找出故障所在,进一步排除故障。

9.3.3 气压液压式制动系统常见故障分析

9.3.3.1 制动失灵

(1)故障现象

机械在行驶或作业过程中,当踏下制动踏板时,机械不能迅速减速或无制动效果;当各车轮制动力矩不一致时,机械产生侧向滑移。

(2)故障原因分析与排除

制动不灵主要是由于制动器的制动摩擦块与摩擦盘之间的摩擦力大小减小或消失导致,其主要原因有以下几点:

① 系统气压过低或无气压。

② 脚制动阀、气液总泵或管路等处漏气。

③ 脚制动阀进气阀开度过小。

④ 制动液不足或变质。

⑤ 气液总泵液压缸活塞位置不正确。

⑥ 气液总泵唇型密封圈损坏、液压缸活塞卡滞或油路堵塞。

⑦ 油路中有空气。

⑧ 制动分泵漏油或活塞卡滞。

⑨ 摩擦片与制动盘间隙过大或接触面积过小。

针对气压液压式制动系统制动失灵这种故障及相关可能的故障原因,具体故障排除步骤如下:

① 检查制动系功能装置、制动阀和气推油加力器,其气压部分与气压制

动装置基本相同。

② 如果是冷车时制动效果良好,热车时制动效果变差,则应该检查制动盘温度。如果制动盘有烫手的感觉,则可能是制动系统内有油蒸汽,应该及时排除制动器内的蒸汽或者停车冷却。排除液压部分气体的方法是:踩下制动踏板,松开制动缸上的放气螺塞,将气体排出,直到放出的油液无气泡为止。

③ 检查液压制动总缸的油液储存量,如果制动油液减少,则应该添加油液。

④ 检查液压制动系是否有漏油,如有泄露,则应该根据油迹查明漏油部位和原因,并予以排除。

⑤ 如果制动盘有油污和水分,则应该查明来源并予以排除。

综上所述,制动失灵的检查步骤和判断方法如图 9-3 所示。

9.3.3.2 制动跑偏

（1）故障现象

制动跑偏是指工程机械在行驶或作业过程中,当踩下制动踏板后,机械偏离原来的方向行驶。

（2）故障原因分析与排除

工程机械的制动器是两侧对称布置的,两侧车轮的制动效能应相同,如果有转向车轮制动效果不同,就会出现制动跑偏的情况,两者之间差值越大,制动跑偏的现象越严重。造成制动跑偏的主要原因有:

① 某车轮制动管路内进入空气。

② 气液总泵汽缸活塞或液压缸活塞不能回位。

③ 两侧车轮的摩擦衬片材质不一致。

④ 摩擦片与制动盘间隙过小或无间隙。

⑤ 某车轮的摩擦衬片有油污。

⑥ 两侧的车轮轮胎气压不一致。

针对气压液压式制动系统制动跑偏这种故障及相关可能的故障原因,具体故障排除步骤如下:

① 进行路试,找出制动效果不好的车轮,如果行驶方向向右偏斜,则说明左边车轮制动有问题;反之,则说明右边车轮制动有问题。

② 找出制动延迟或者制动力不足的车轮后,踩住制动踏板,注意观察该车轮的制动气室、管路或接头部位是否有漏气声现象。如果制动气室有漏气声音,则可能是膜片损坏;如果没有漏气的声音,注意观察制动气室推杆的伸张速度是否相等,有无歪斜或卡住的情况。

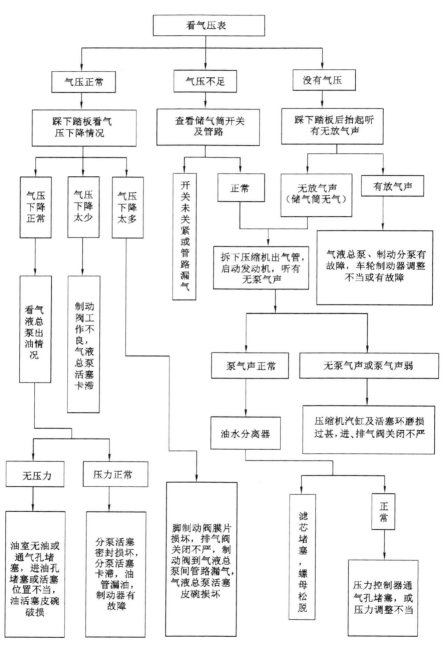

图 9-3 气压液压式制动系统制动失灵的检查步骤和判断方法

③ 如果左、右两侧的制动气室推杆伸张速度都相等,继续检查制动气室推杆行程是否过大。如果过大,则应该调整至符合要求;如果推杆行程正常,则继续检查制动器内是否有油污或泥水的情况。

④ 如果上述检查均没有问题,检查左、右两侧的轮胎气压是否一致。如果不符合规范,则需要按要求补气。

9.3.3.3 制动拖滞

(1) 故障现象

机械解除制动后,行驶感到有阻力,用手抚摸制动器感到发热,则说明制动系出现了制动拖滞的情况。

(2) 故障原因分析与排除

制动器在解除制动状态后,制动蹄与制动蹄之间应保持一定的间隙(即为制动间隙),非制动状态下不论什么原因使制动间隙消失,均会引起制动拖滞。一般如果全部车轮均有制动拖滞的情况,则多为制动阀出现了故障;如果单个车轮出现拖滞的情况,一般是制动器及制动管路出现了故障。具体故障产生的原因如下:

① 如果全部车轮均有制动拖滞的情况,一般是制动阀有故障。如果制动阀的活塞回位弹簧弹力下降了,不能将制动管道内的气路与大气相通,管道内气体压力就不能下降,使气室内气压不能解除。还有可能是制动阀排气阀弹簧折断或制动橡胶座变形或脱落导致制动拖滞。

② 单轴车轮出现拖滞的情况,主要受快速放气阀的影响。如果快速放气阀的排气口堵塞,解除制动时使单轴两车轮制动气室内的压缩空气不能放掉,则该轴车轮的制动力不能解除。

③ 单个车轮出现拖滞的情况,多数是因为制动器和制动气室的故障。如果制动鼓与摩擦片间隙过小,制动蹄支撑销处锈蚀卡滞,制动凸轮轴与支架衬套卡滞,制动蹄回位弹簧出现失效,制动气室推杆伸出过长或弯曲变形卡住,制动气室膜片老化或破损等都可能导致单个车轮出现拖滞。

针对气压液压式制动系统制动拖滞这种故障及相关可能的故障原因,具体故障排除步骤如下:

① 如果机械不能起步,或是起步后行驶阻力过大,则需停车观察各车轮制动气室的推杆。如果制动气室的推杆均未收回,即为车轮均制动拖滞,应该检查制动踏板自由行程,如果没有自由行程,则需要进行调整;如果自由行程正常,则多为制动阀有故障,应该查明原因并予以排除。

② 如果用手触摸同轴上的两车轮感到发热,则说明是单轴车轮制动拖

滞,故障在与此轴有联系的快速放气阀,应该拆解放气阀,查明原因予以排除。

③ 如果有个别制动鼓发热,或者两个发热的制动鼓不在同一轴上,则为单个车轮拖滞。检查时踩抬制动踏板,观察该车轮制动气室推杆回位情况。如果推杆回位缓慢,或者不回位,则需要拆下调整臂,再进一步检查推杆回位的情况,检查推杆是否有弯曲或歪斜的情况,如果有伸出过长,可根据情况进行调整。

④ 如果制动气室推杆回位正常,则应该检查该车轮轮毂轴承预紧度及制动间隙。具体方法是:将有制动拖滞的车轮支起,如果能自由转动,说明车轮轮毂轴承过松,应该调整轴承预紧度;如果车轮有摩擦,应该将制动间隙调大一些;如果调整后车轮转动仍有摩擦,则需调整制动间隙;如果感到费力,则说明是制动器出现了烧蚀引起的拖滞,如果调整制动间隙无效,则说明该车轮制动器的回位弹簧失效或是脱落所导致,则应该进一步查明原因并排除。

9.3.4　手制动器常见故障分析

目前,大多数工程机械采用的是鼓式和盘式制动器,针对手制动器常见故障主要有以下几个方面。

9.3.4.1　制动不灵

（1）故障现象

拉紧手制动后,机械停在坡道上仍可以滑溜,在行驶中拉紧手制动,不能使车立即降低速度。

（2）故障原因分析与排除

盘式制动器产生的这种故障主要原因有以下几种:

① 联动臂拉杆过长。

② 摩擦片与制动盘间隙过大。

③ 摩擦片上有油污。

④ 手制动器各销轴磨损过多或松动。

⑤ 手制动盘不平。

⑥ 摩擦片铆钉外露,过薄或硬化。

鼓式制动器产生这种故障的原因主要有以下几种:

① 手制动拉线调整过长。

② 摩擦片上有油污,硬化或者铆钉外露。

③ 摩擦片与制动鼓之间的间隙过大。

④ 制动鼓磨损过大。

⑤ 手制动器拉线螺钉螺母松脱或拉线折断。

⑥ 制动鼓与摩擦片接触面过小。

针对手制动器存在的制动不灵的故障现象,故障排除的方法步骤如下:

① 首先应该将手制动器拉紧,如果能够起步,则挂挡用手摇柄摇车,如果能够摇转车轮前进,则说明手制动器的制动效果不良,需要进行拆检和调整。

② 对于盘式制动器,拉紧手制动器后,如果摩擦片与制动盘未贴合、贴紧,则应该调整联动臂拉杆上的调整螺母,旋入螺母,间隙减小;反之,则间隙增大。同时旋入手制动支架上端的两个调整螺钉,使两蹄片与手制动盘保持平行,如果贴合紧而制动效果不好,则应该检查摩擦片有无油污、铆钉有无外露、摩擦片是否烧蚀或破裂,需要针对具体情况,分别采取清洗、重新更换摩擦片等方法进行处理。如果经上述检查均未发现异常,则应该检查手制动盘上的工作表面,如果出现了沟槽,则应该进行磨光或镗削等处理。

③ 对于鼓式制动器,拉紧手制动器后,制动蹄摩擦片与制动鼓未贴合,说明手拉线过长或者联动机构松动,则需要进行调整。当蹄片与制动鼓之间间隙符合要求时,蹄片与鼓之间仍未贴紧,则说明联动机构松动,应该对手柄进程进行调整。如果可以贴紧,则应该检查制动蹄摩擦片上有无油污或制动蹄摩擦片与制动鼓之间的接合面是否过小,必要时还需要对制动鼓的圆度进行检查。

9.3.4.2 放松手制动后不能解除制动或者解除不彻底

（1）故障现象

起步困难,在行驶或作业一段时间后,用手摸制动蹄或制动盘感到烫手。

（2）故障原因分析与排除

① 摩擦片与制动鼓之间的间隙过小。

② 制动蹄片与制动鼓之间间隙过小。

③ 蹄臂拉杆弹簧过软或折断。

④ 手制动器摇臂回位弹簧和制动蹄回位弹簧过软或折断。

⑤ 手制动盘与手制动架固定螺钉松动。

遇到放松手制动后不能解除制动或者解除不彻底的故障后,应该及时停车,用手去触摸制动蹄、制动盘或制动鼓是否有烫手的情况。如果有烫手的感觉,则应该先看手制动是否放到底了,在松到底的情况下,检查制动蹄臂的拉杆弹簧是否失效或折断,以及手制动盘和手制动架固定螺钉是否有松动。如果均没有问题,则应该检查摩擦片与制动盘或制动鼓之间的间隙大小。如果间隙不合适或没有达到标准要求时,则应该按照要求重新调整,手制动杆从放松的极限位置往上拉应该有两个响声的自由行程;当第三个响声出现时,应该开始有制动的感觉;到第五响声时,极限应该能够达到规定的制动效果。

9.3.4.3 手制动拉杆不能定位

（1）故障现象

拉紧手制动器不能松手,否则拉杆不能自动滑回原位。

（2）故障原因分析与排除

① 拉杆变形,移动不灵。

② 棘爪拉杆弯曲,卡住。

③ 弹簧失效或折断。

④ 棘爪与齿扇磨损严重、断裂或滑齿。

针对手制动器存在的手制动拉杆不能定位的故障现象,故障排除的方法步骤如下：

① 反复按下松开棘爪拉杆按钮,经多次试验检查,看棘爪拉杆上下活动的情况,如果棘爪拉杆上下活动阻滞或卡住,则很可能是弹簧失效或折断了；如果拉杆弯曲变形,此时应该分解手制动拉杆,更换弹簧,校正拉杆。

② 如果经上述检查均未发现异常,则可检查扇形齿板上的牙齿和拉杆棘爪。如果磨损严重,或是出现断裂的情况,则应该及时予以修复。

9.3.4.4 异响

（1）故障现象

机械在行驶过程中,出现连续的金属敲击声或在脱挡滑行至停车时,传动轴部分出现沉重的金属撞击声。

（2）故障原因分析与排除

① 手制动盘翘曲。

② 制动蹄下端拉紧小弹簧折断或脱落。

③ 手制动拖滞。

④ 各活络连接部位的销轴与孔或衬套磨损松动。

针对手制动器存在的异响故障现象,故障排除的方法步骤如下：

① 行驶或作业时听到响声,可以轻拉手制动拉杆,如果响声消失,则应该检查手制动蹄销与销孔是否完好,检查杠杆与筒套之间的配合间隙,如果间隙过大,则应该对销、轴进行研磨修复,或是更换衬套。如果间隙没有问题,则应该检查回位弹簧是否失效或折断,如果有则应该进行更换。

② 如果轻拉手制动拉杆,响声没有变化,则应该检查变速器的第二轴的凸缘花键配合是否有磨损严重情况。制动盘引起的敲击声,挂挡时不一定出现,而是滑行才出现,如果滑行时接近停车时有金属撞击声,则应该检查手制动器是否拖滞,根据具体情况及时予以调整修复。

第10章 行 驶 系

10.1 行驶系概述

10.1.1 轮式机械行驶系

如图 10-1 所示,轮胎式机械行驶系由车架、车桥、悬架和车轮组成。车架通过悬架和车桥相连,车桥两端则安装车轮。

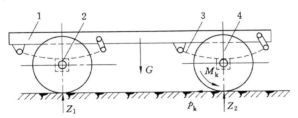

图 10-1 行驶系组成示意图
1——车架;2——车桥;3——悬架;4——车轮

整机重力 G 通过车轮传到地面,引起地面产生作用于前轮和后轮上的垂直反力 Z_1 和 Z_2。当内燃机经传动系传给驱动轮一个驱动力矩 M_k 时,则地面产生作用于驱动轮边缘上的切线牵引力 p_k。这个推动整个机械行驶的牵引力 p_k 便由行驶系来承受。当机械制动时,地面产生作用于车轮边缘上与行驶方向相反的制动力,制动力也由行驶系承受。当机械在弯道或横坡行驶时,路面与车轮间将产生侧向反力,此侧向反力也由行驶系承受。

10.1.2 履带式机械行驶系

履带式机械行驶系的主要作用是:支持机体;将发动机传到驱动轮上的扭矩变成机械行驶和作业所需的牵引力;缓和冲击,衰减车体振动。

履带式机械行驶系主要由行驶装置、悬架装置和车架组成。行驶装置包括台车架、支重轮、托链轮、引导轮、缓冲装置和履带等。悬架装置主要是指平衡机构。车架上面安装着机体,下面通过悬架装置支承在行驶装置上,它是行驶装置和机体之间的骨架。

履带式机械行驶系与轮胎式机械行驶系相比有如下特点:支承面积大,接地比压小。例如,履带推土机接地比压为 $2\sim 8$ N/cm^2,而轮式推土机的接地比压一般为 20 N/cm^2,因此,履带推土机适合在松软或泥泞场地进行作业,下陷度小,滚动阻力也小,通过性能较好;履带支承面上有履齿,不易打滑,牵引附着性能好,有利于发挥较大牵引力;但其结构复杂,重量大,运动惯性大,减振功能差,零件易损坏,且机动性能较差,因此行驶速度不能太高。

10.2 行驶系的结构组成

10.2.1 轮式机械行驶系结构组成

10.2.1.1 车桥

车桥的作用是:支承车架的重量;将车轮上的牵引力、制动力和侧向力传给车架;承受路面对车轮冲击所形成的弯曲和扭曲力矩。

根据车桥上车轮作用的不同,车桥分为驱动桥、转向驱动桥、转向桥和支撑桥。驱动桥已在传动系介绍过,这里不再赘述。支撑桥常用在挂车上,支撑桥除不能转向外,其他作用和结构与转向桥基本相同。在工程机械中前桥多为转向驱动桥,因此本节主要介绍转向驱动桥。

(1)转向驱动桥

轮胎式工程机械转向驱动桥经常处在重负载下工作,为了增加附着牵引力,提高其越野性能,通常都采用全桥驱动。转向驱动桥的作用除承受机械的重力和驱动力外,还要通过它实现车轮的偏转,使机械转向。因此,驱动桥还可以起到转向作用的叫转向驱动桥。

(2)前轮前束

由于车桥的约束使车轮不能向外滚开,车轮将在地面上边滚边滑,从而增加了轮胎的磨损。为了最大限度地避免上述现象,可通过调节横拉杆的长度使转向轮前端距离 B 略小于后端距离 A,如图 10-2 所示。以 L 的长度表示前束值,$L=A-B$。

10.2.1.2 车轮

轮胎式工程机械的车轮按连接部分的结构不同,可分为辐条式和辐板式两种,其中辐板式车轮应用最广。

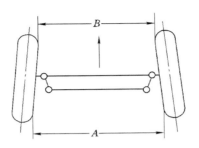

图 10-2　前轮前束

图 10-3 所示为辐板式车轮,主要由挡圈、轮辋、辐板和气门嘴伸出口以及轮毂和轮胎(轮毂、轮胎未画出)组成。

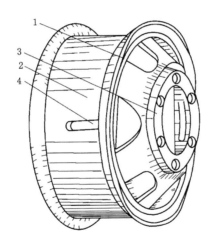

图 10-3　辐板式车轮

1——挡圈;2——轮辋;3——辐板;4——气门嘴伸出口

（1）轮辋、轮辐和轮毂

轮毂安装在半轴套（或车桥）的外端,通过轮辐与轮辋相连接。轮胎安装在轮辋上,直接与地面相接触。

① 轮辋

为了便于轮胎在轮辋上的拆装,轮辋可分为深式轮辋、平式轮辋和可拆式轮辋。

② 轮辐

用以连接轮毂和轮辋的钢质元件,称为轮辐,大多是冲压制成的,少数是和轮毂铸成一体的。多数是将轮辋、轮辐分开制造,然后通过焊接或铆接将轮辋和轮辐连成一体,再用螺栓将轮辐与轮毂连接。用钢制盘形的车轮称为辐板式车轮。

③ 轮毂

轮毂是车轮的中心,通过轮毂内的轴承保证车轮在前、后桥指定的位置上灵活转动,如图 10-4 所示。因为轮毂传递地面与前、后桥的作用力和力矩,为了保证车轮工作可靠,在承受较大的载荷时有足够的使用寿命,所以轮毂内的轴承一般采用一对圆锥滚柱轴承。轴承间隙可由调节螺母进行调整,调整后用锁定装置使轴承保持在调整好的位置,不能松开,否则就会产生因螺母松开而使车轮脱出的危险。在轴承旁边空腔内储存有润滑脂,为不使润滑脂溢出,在轮毂上装有油封。

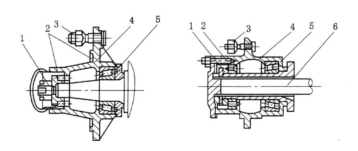

图 10-4　轮毂结构

1——调节螺母;2——轴承;3——螺栓;4——轮毂;5——油封;6——半轴

轮毂轴承位置的布置,应尽量使车轮的垂直反力由两个轴承来分担,即垂直反力的作用线至两轴承所在平面的距离应尽可能相等。否则绝大部分的垂直反力就可能由靠近垂直反力平面的轴承承受,而另一个轴承只受轴向力,以致受力大的轴承尺寸加大,受力小的轴承没能起到足够的作用。

（2）轮胎

轮胎式工程机械大都采用充气式橡胶轮胎,它能缓和、吸收不平路面所产生的振动和冲击。这种振动和冲击大部分由胎内的压缩空气来吸收,少部分由胎壁来吸收。

轮胎根据其结构形式不同,可分为实心轮胎和充气轮胎两种。在工程机械上主要应用充气轮胎。实心轮胎只用于混凝土等水平路面上低速行驶的机械,如仓库、码头上使用的小型起重机械、叉车等。

充气轮胎按其结构不同,又可分为有内胎轮胎和无内胎轮胎两种。

有内胎的充气轮胎由外胎、内胎和衬带等组成。内胎是一个环形软橡胶管,管壁上装有气门嘴,空气由气门嘴压入使内胎具有一定的弹性。衬带是一个带状橡胶环,它衬在内胎下面,使内胎不与轮辋及外胎的硬胎圈直接接触,以防止内胎擦伤或卡到胎圈与轮辋之间而夹伤。外胎是一个保护内胎的有一定强度的弹性外壳。它主要由胎面、胎体和胎圈等组成。

有内胎轮胎在滚动时,内、外胎之间以及内胎与衬带的接触表面之间发生摩擦,由此发热而增加滚动时能量的消耗。无内胎轮胎可以消除以上缺点,因此得到较快发展。

充气轮胎按胎内压力又可分为高压轮胎、低压轮胎和超低压轮胎。高压轮胎充气压力一般为 0.5~0.7 MPa;低压轮胎一般为 0.15~0.45 MPa;超低压胎一般为 0.05~0.15 MPa。

低压胎外形尺寸较大,弹性较好,能增大接地面积,减小接地比压,所以它能在软基路面上行驶,下陷小,滚动阻力小,通过性能好;在凹凸路面或碎石路面行驶时,能很好地吸收冲击与振动;缓冲性能好。所以,采用低压轮胎能改善底盘在不平地面行驶的平顺性和在松软地区行驶的通过性。

随着轮胎中空气压力的降低,轮胎断面宽度增大。按断面宽度不同,轮胎可分为标准轮胎、宽基轮胎和轮胎超宽基轮胎。

标准轮胎(普通轮胎),其断面形状近似圆形(断面高度与宽度之比 $H/B=0.95\sim1.15$);宽基或超宽基轮胎,其断面近似椭圆形(断面高度与宽度之比 $H/B=0.5\sim0.7$)。

宽基轮胎比标准轮胎宽度大,因而接地面积也大,因此接地比压小,在软基路面上通过性能好,牵引力也大。另外,宽基轮胎具有同样负载下使用较低气压的优点,同时又能改善驾驶性能及行驶稳定性。但宽基轮胎增大了转向阻力,在硬路面上行驶时,由于变形大,因此滚动阻力损失将大大增加。

近年来,由于工程机械和载重车辆的大量发展和不断改进,对充气轮胎的要求也越来越高。特别是工程机械轮胎,为了适应不同的作业种类和作业地域,其结构形式和花纹式样也在不断改进,所以目前在国外对工程轮胎已按其用途和特性进行分类,见表 10-1。

表 10-1　　　　　　　　　　工程机械轮胎按用途和特性分类

用途	车辆类型	轮胎需要具备的特性
运输土、砂和石块	自卸载重车、铲土机	耐切割,耐磨,耐冲击爆破
平路、平整土地	平路机	牵引性和操纵性(方向稳定性)好
装载和推土	抓斗式装载机、推土机	耐切割,耐磨
运输原木和土	小型自卸载重车、矿石和原木载重车	耐切割,耐磨,耐冲击爆破
压路	轮式压路机	耐油,耐切割,耐磨
运输原木	原木拖拉机	牵引性与浮动性好,耐切割

10.2.1.3　车架

车架是整个机械的骨架,机械上所有的零部件及驾驶室都直接或间接地安装在上面,并使它们保持一定的相互位置。车架支承着机械的大部分重量,而在机械行驶时,它还承受由各部件传来的力和力矩,当行驶道路崎岖不平或进行作业时,它还将承受更大的冲击载荷。

由于工程机械种类较多,机型复杂,作业条件又各不相同,故车架的形式较多。根据其结构的不同,大体可分为整体式和铰接式两种。

10.2.1.4　悬挂装置

工程机械的悬架多数是刚性的,也就是把车架和车桥直接刚性地连接起来。在行驶时为了使四轮同时着地,以便可靠地传递力和力矩,并缓和路面对机械造成的冲击和载荷。一般有一个桥(前桥或后桥)与车架采用铰接式连接(刚性悬挂的一种形式)。对于行驶速度大于 40～50 km/h 的机械,一般采用钢板弹簧弹性悬架。随着轮胎式工程机械行驶速度的提高,为了获得良好的减振效果,有一些大中型机械也逐渐采用了油气悬架。

悬挂系统用来传递作用在车轮和车架之间的一切力和力矩,缓和由不平路面传给车架的冲击载荷,衰减由冲击载荷引起承载系统的振动,保证机械的正常行驶,减少驾驶人员在车辆高速行驶时的疲劳,提高机械的平顺性、稳定性和通过性。

当工程机械行驶到凹凸不平路面时,车桥就会由于路面的不平而相对于车架上下运动。当车桥向上运动时,载荷压缩活塞杆回缩,液压缸内的油液一部分被压入蓄能器。同时,蓄能器气室内的氮气被压缩,体积减小,压力升高,当压力达到足以克服外载荷时,液压缸不再压缩,这样将一部分冲击能量吸收到蓄能器中。当车桥向下运动时,液压缸活塞杆将会伸出,液压缸内压力降低,蓄能器中的一部分油液进入液压缸。蓄能器皮囊中的氮气体积增大,压力降低,当压力与外载荷平衡时,液压缸不再伸长,这样蓄能器中一部分能量被释放。

　　行驶过程中,装有油气悬挂减振机构的两个后驱动轮,随路面高低做上下运动,后车架基本保持平稳位置,同时减少了地面对后车架的冲击,从而保证了推土机高速行驶时的平稳性,提高了操作人员驾驶的舒适性。

10.2.2　履带式机械行驶系结构组成

10.2.2.1　行驶装置

　　行驶装置是由结构相同的两部分组成,分别装在机械两侧。它主要由台车架、支重轮、托链轮、引导轮、缓冲装置及履带等组成,如图 10-5 所示。

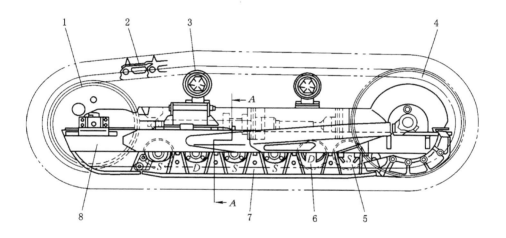

图 10-5　履带式机械行驶装置

1——引导轮;2——履带;3——托链轮;4——链轮;5——支重轮(单边);6——支重轮(双边);
7——支重轮护板;8——台车架

　　(1)支重轮

　　如图 10-6 所示,支重轮的作用是支撑机械的重量,并将重量分布在履带上,依靠其滚轮凸缘夹持链轨不使履带横向滑脱,保证机械沿履带运动。双边支重轮能更好地对履带起导向作用,防止履带脱出,但滚动阻力较大。

　　(2)托链轮

　　如图 10-7 所示,托链轮用来将履带上部托住,防止其过度下垂而产生跳动和可能发生的侧向摆动,避免履带侧向滑落。托链轮通过支架安装在轮架上,每侧两个。

　　(3)引导轮

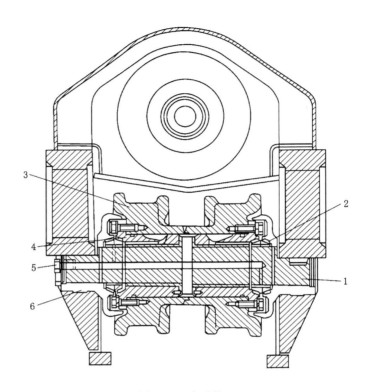

图 10-6 支重轮

1——支重轮轴;2——浮动油封;3——支重轮体;4——铜铁套;5——油堵;6——端盖

如图 10-8 所示,引导轮安装在轮架前部的左、右支承上,用以引导履带的运动方向。

(4) 缓冲装置

缓冲装置主要用于保持履带有一定的紧度,减少履带的下垂和在运动时的跳动。同时,当引导轮前遇有障碍物或履带中卡入石块等硬物而使履带过紧时,它能允许引导轮后移,以避免损坏机件。

缓冲装置有机械调整式和油压调整式两种形式。

如图 10-9 所示,机械调整式缓冲装置主要由缓冲弹簧、拉紧螺杆、托架、支架、弹簧支座、弹簧管和叉臂等组成。

如图 10-10 所示,油压调整式缓冲装置主要由弹簧、液压缸、活塞和推杆等组成。

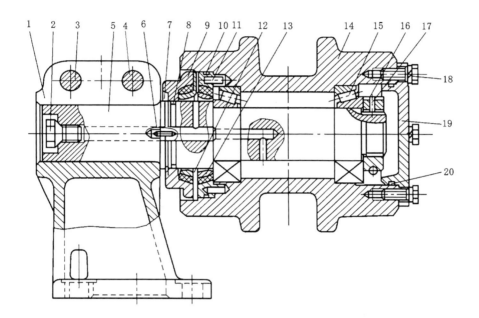

图 10-7 托链轮

1——托链轮支架;2——螺塞;3,4——螺栓;5——轮轴;6——圆柱销;7——卡环;

8,10——O 形密封圈;9——油封外座;11——油封内座;12——浮动油封胶圈;13——浮动油封环;

14——托链轮体;15——轴承;16——锁紧螺母;17——锁圈;18——螺栓;

19——托轮盖;20——油封

(5) 履带

履带用来将整机重量传给地面,并接受驱动轮传来的扭矩,使推土机行驶。履带直接和土壤、砂石、泥土等类型的地面接触,并承受地面不平所带来的冲击和局部负载。因此,履带除应具有良好的附着性能外,还要有足够的强度、刚度和耐磨性。履带结构如图 10-11 所示。

履带由履带板、履带节、履带销和销套等组成。

履带板上制有履齿。履齿又分单齿式、双齿式和三齿式三种。

单齿式:牵引性能好,推土机多采用这种形式的履带板。

双齿式和三齿式:转向阻力小,一般装载机、挖掘机多采用这种形式的履带板。

根据各种不同的使用工况,履带板的结构与尺寸也不相同,一般有下列几种类型(图 10-12):

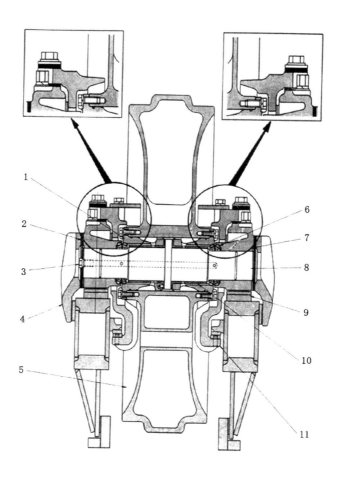

图 10-8 引导轮

1——衬套;2——垫片;3——油嘴;4——导向板;5——引导轮;6——轴承;7——支承;
8——轴;9——轴承座;10——衬套;11——导向器

标准型:有矩形履刺,宽度适当,适用于一般土质地面。

钝角形:切去履刺尖角,可以较深地切入土中。

矮履刺形:矮履刺切入土中较浅,适用于松散岩石地面。

平履板型:没有明显履刺,适用于坚硬岩石面上作业。

中央穿孔Ⅰ、Ⅱ型:Ⅰ型履刺在履带板的端部,中间凹下;Ⅱ型履刺是中部凸起,适用于雪地或冰上作业。

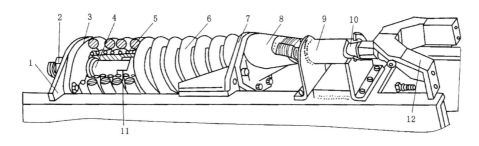

图 10-9 机械调整式缓冲装置

1——后支承座;2——固定螺母;3——弹簧座;4——拉紧螺杆;5——小弹簧;6——大弹簧;
7——弹簧支座;8——托架;9——支架;10——调整螺杆;11——弹簧压缩量限制管;12——叉臂

双履刺或三履刺型:接地面积大些,切入地面浅些,适用于矿山作业。

岩基履板型:适用于重型机械上。

圆弧三角与曲峰式三角履带板型:特别适合于湿地或沼泽地作业,接地压力可低到 $2 \sim 3$ N/cm²。由于三角形履带板有压实表土作用,且由于张角较大,脱土容易,所以即使在泥泞的地面上,也有良好的"浮动性",不致打滑,使机械具有较好的通过性和牵引性。

履带板可用 40Mn2 铸成,厚度在 $7 \sim 8$ mm 之间,宽度在 $600 \sim 1\ 800$ mm 范围内。

履带板用螺栓固定在履带节上。在扭紧螺栓时,要有一定的预紧力,从而使履带板和履带节不易滑动和松动,减少螺栓被剪断的可能性。螺栓的扭紧力矩都有一定的要求。在各种机械说明书中都有扭紧力矩的数值。一般新机械或换上新履带时,在使用一个工作日后,都要将履带螺栓逐个再扭紧一次,这样就能减少机械在长期使用中履带螺栓的松动。

销套两端分别压装在每对履带节的同端孔内,履带销穿过销套压装在另一对履带节的销孔内,履带销与销套间有间隙,使两个履带节能相对转动。这样各对履带节通过履带销铰连成一个环形整体。履带节的内侧面为支重轮滚动的轨道,销套同时也是驱动轮驱动履带的节销。为了便于拆装,每边履带上都有一个易拆卸的履带销。易拆卸的履带销有直销式和锥销张紧式两种。

直销式和其他履带销基本相同,只是公差和过盈配合较小,以便拆装。这种履带销结构简单,零件少,加工容易。锥销张紧式的易拆卸履带销,两端有锥形孔并开有轴向缺口,安装后在销的两端压入锥形塞,使易拆卸的履带销端部张大不能脱出。锥形塞制有内螺孔,如需拆卸时,先用螺杆拧入螺孔中,将

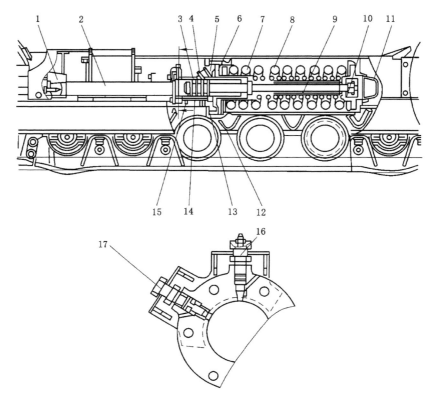

图 10-10　油压调整式缓冲装置

1——引导轮支座;2——张紧杆;3——液压缸;4——活塞;5——端盖;6——前导座;

7,8——张力弹簧;9——螺杆;10——螺帽;11——盖;12——支承;13——支承架;14——衬套;

15——限拉环;16——注油嘴;17——放油螺栓

锥形塞拔出,然后打击履带销。为防止锥形塞螺孔锈蚀,平时应用木塞堵死。

　　如图 10-11 所示,每块履带板由具有履齿的支承板和链轨节组成。链轨节是支重轮滚动的轨道。每块用两个螺栓连接到支承板上,各块履带板相互连接的铰链孔做在轨链节的两端,在后一块履带板的前铰链孔内压入一个销套,通过履带销与前一块履带板的后铰链孔铰接,履带销与前一块履带板的后铰链孔也是压紧配合,履带销和销套可有径向间隙。

10.2.2.2　悬架装置

　　悬架装置是指车架和轮架之间的连接部分。悬架具有一定弹性,可以缓和机械行驶和作业时所产生的冲击与振动,以保持机械平稳。

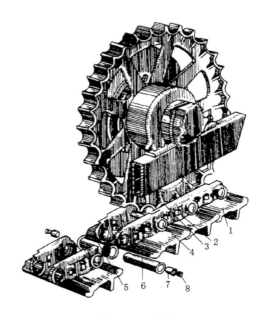

图 10-11 履带

1——履带板;2——履带螺栓;3——链轨节;4——履带销;5——销套;

6——可拆销;7——锥形塞;8——软木塞

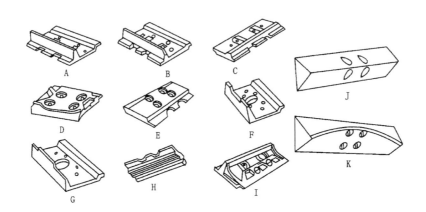

图 10-12 履带板类型

A——标准型;B——钝角形;C——矮履刺形;D,E——平履板型;F,G——中央穿孔型;

H——双履刺或三履刺型;I——岩基履板型;J,K——三角履带板型

悬架有刚性悬架、半刚性悬架和弹性悬架三种。车架与轮架完全刚性连接的，称为刚性悬架；车架上的部分重量经弹性元件而另一部分重量经刚性元件传给轮架的，称半刚性悬架；车架上的重量完全经弹性元件传给轮架的，称弹性悬架。

悬架装置主要是指平衡机构。平衡机构有悬架弹簧式和胶块式两种。

悬架弹簧式主要由钢板弹簧叠加而成。载重汽车上应用比较广泛，工程机械较少采用。

胶块式平衡机构由一根横置的平衡梁、橡皮砖和平衡枕座组成，如图 10-13 所示。

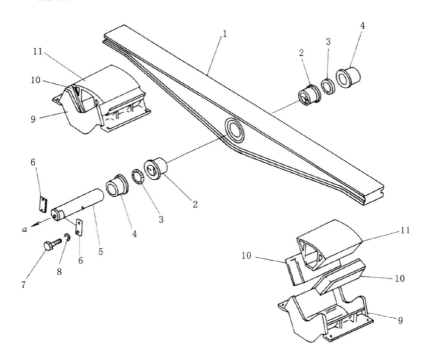

图 10-13　胶块式平衡机构

1——平衡梁；2、4——销套平衡枕；3——隔套；5——销子；6——锁片；7——螺栓；8——垫圈；
9——平衡枕座；10——橡皮砖；11——平衡枕

10.2.2.3　车架

车架是履带式机械的骨架。它主要用于安装发动机、传动系各部件，并使它们成为一个整体。图 10-14 所示为半梁式车架，主要由两根纵梁、一根横梁和后桥壳体等组成。纵梁前端可以螺旋固定横梁,后部与后桥箱焊接。后桥箱内分成三个室,中部为中央传动装置齿轮室,两侧为转向离合器室。三个室底部都设有放油口。车架后部通过后桥箱下边的半轴支撑在左、右支重轮架上。

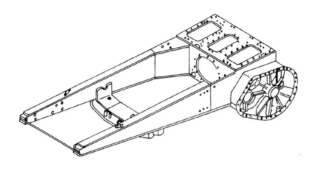

图 10-14　车架

10.3　行驶系的常见故障分析

10.3.1　轮式机械常见故障分析

10.3.1.1　悬架系统常见故障

（1）非独立悬架系统的常见故障分析

① 钢板弹簧断裂。钢板弹簧断裂是常见的一种故障,特别是第一片断裂,会因弹力不足使车身歪斜。前钢板弹簧一侧第一片折断时,车身横向平面内歪斜,后钢板弹簧一侧第一片折断时,车身在纵向平面内歪斜。

② 钢板弹力过小或刚度不一致。当某一侧的钢板弹簧由于疲劳导致弹力下降,或是更换的钢板弹簧与原弹簧刚度不一致时,会导致车身歪斜。

③ 钢板弹簧销、衬套和吊耳磨损过度。这种情况会导致车身歪斜、行驶跑偏等故障现象。

（2）独立悬架系统的常见故障分析

独立悬架系统主要由螺旋弹簧、上下摆臂、横向稳定杆及减震器等组成,系统铰接点比较多,容易出现一些常见故障。

① 异响:主要是在不平面的路上转弯时容易出现。

② 车身歪斜:车辆在转弯时,车身过度倾斜。

③ 前轮定位角改变。

④ 轮胎异常磨损等。

10.3.1.2 车轮常见故障分析

车轮常见故障为轮毂轴承过松或过紧。

① 轮毂轴承过松,会造成车轮摆震及行驶不稳,严重时还能使车轮甩出。此时,可将车轮支起,用手横向摇晃车轮,即可诊断出车轮轴承是否松动。一旦发现轴承松动,必须立即修理。

② 轮毂轴承过紧,会造成车辆行驶跑偏。全部轮毂轴承过紧时,会使车辆滑行距离明显下降。轮毂轴承过紧会使车辆经过一段行驶后,轮毂处温度明显上升,有时甚至使润滑脂融化而容易甩入制动鼓内,将车轮支起后,转动车轮明显感到费力。

10.3.1.3 轮胎的常见故障分析

轮胎是轮式机械的重要组成部件,在使用过程中占有很重要的地位,正确使用和维护轮胎,设法延长轮胎的使用寿命,在经济上有着重要的意义。在进行轮胎的故障分析时,需要注意其与车轮、转向、悬挂之间的关系。轮胎的使用和保养不良,也可能导致轮胎本身及相关系统的故障。因此,轮胎故障诊断、排除分析的第一步是对轮胎进行检查,应该使用正确的方法进行检查和维护。

（1）轮胎表面产生严重磨损

在使用过程中轮胎胎面被磨损是不可避免的,依据路面质量的好坏而定,在较好的路面上行驶时,寿命会长一点。但是路面质量不是很好时,轮胎的磨损就会加剧,甚至出现早期磨损与异常磨损,使用寿命大大缩减。引起轮胎表面磨损还有很多原因,下面就几种重要的原因进行分析:

① 胎压不正常。轮胎的胎压大于或小于标准气压,都会加剧轮胎的磨损,所以对轮胎充气时必须按照标准气压进行充气,日常使用时也应该保持正常气压。

② 车轮不平衡。如果车轮由于轮胎修补或其他原因导致不平衡,轮胎轴轴承间隙都会因工作离心力的周期变化而使胎面产生不规则的磨损。因此,修理时应对车轮、轮毂等平衡机构进行检验。

③ 轮胎超载。轮胎超载会加速对轮胎的磨损,不允许通过提高轮胎气压来超吨位进行运载,这样会使轮胎过早地磨损和报废。

④ 操作不当。操作不当是指驾驶员在操作过程中经常急速起步、紧急制动、高速行驶、高速越障、急速转弯等,这样会使轮胎磨损发热产生变形,从而加速了轮胎的损坏。

（2）轮胎脱空、折断与爆裂

脱空是指轮胎内胶层产生撕裂的现象；折断是指轮胎内、外表面或者是局部产生胶层折断的现象；爆裂是指轮胎的内、外胎产生局部破裂，轮胎内的压缩空气破胎而出。这几种情况都属于不正常的损坏。

10.3.1.4　车桥的常见故障分析

前桥、转向系的故障使车辆的操纵稳定性和操纵轻便性变差，常见故障有前轮摆动、前轮跑偏、转向盘沉重或转向盘振动等。同时还会引起轮胎的异常磨损，影响车辆操纵性能，造成前桥、转向系故障的因素很多，故障部位的判断也很困难，在判断故障时，要同时把轮胎磨损的情况作为依据。首先要考虑前桥造成故障的原因，还要检查前轮轮胎的气压，气压的差别和轮胎表面磨损的差异，前轮的平衡性，左、右悬架的弹力，前轴和车架的变形，前、后桥的轴距以及平行度误差等因素。

10.3.2　履带式机械常见故障分析

履带式机械行驶系的常见故障有：支重轮、托链轮、引导轮的滚道、凸缘及轴承磨损；油封漏油；台车架变形；缓冲装置变形；履带跑偏；等等。

现着重分析一下履带跑偏的原因。机械行驶自动偏向一方，一般每行驶 100 m 偏离行驶方向超过 2 m，即可确定为履带跑偏。由行驶装置故障引起履带跑偏的原因如下：

（1）两条履带松紧调整不一致。

（2）支重轮架外纵梁后端或斜撑臂变形，使轮架对称纵向中线与半轴轴线水平方向不垂直。

（3）半轴弯曲或半轴与侧减速器内壁相配合的孔磨损松动，造成半轴轴线与轮架对称纵向中线不垂直。

（4）驱动轮毂轴承间隙过大或驱动轮与轮毂花键松动。

（5）引导轮轴承磨损严重。

（6）缓冲弹簧或液压缸弯曲。

（7）台车连杆装置的连杆弯曲，使左、右台车架不平行。

上述原因都会引起链轨分别与引导轮凸肩、支重轮边缘、驱动轮轮齿内外端面产生啃削现象。有时是先造成履带跑偏，而后引起链轨与引导轮凸肩等发生啃削；有时是先由上述原因的零件或部件磨损、变形，迫使引导轮、支重轮及驱动轮等与链轨发生啃削。所以，履带跑偏和链轨与引导轮等发生啃削是伴随产生的。由此可见，履带跑偏是由多种矛盾相互转化引起的。这些矛盾各有其特殊性，不能同等看待，具体问题应具体分析。从研究结构所知，两条履带必须平行,引导轮、支重轮、驱动轮三者必须在轮架的对称纵向中线上,该中线与半轴轴线在水平方向又必须成直角,才能保证直线行驶,否则就会引起履带跑偏。

从使用和维修情况分析判断,当发现履带跑偏或链轨与引导轮等发生啃削时,首先应了解该机使用时间和工作工况,并观察履带调整情况。使用时间短的一般不考虑其磨损情况,主要分析作业中是否遇到障碍,受到过度猛烈撞击,引起支重轮架外纵梁后端及斜撑臂变形,或半轴弯曲。其次是该机是否长时间在斜坡地段单向作业,造成链轨与引导轮等相互啃削而引起履带跑偏。另外,履带调整松紧不一致,履带紧的一边行驶速度快,松的一边行驶速度慢,长时间不调整继续作业,会形成履带跑偏而引起链轨与引导轮等出现啃削。

参 考 文 献

[1] 高秀华,姜庆国,王力群.工程机械结构与维护检修技术[M].北京:化学工业出版社,2004.

[2] 靳同红,王胜春.工程机械底盘[M].北京:化学工业出版社,2013.

[3] 靳同红,王胜春.工程机械构造与设计[M]. 北京:化学工业出版社,2011.

[4] 李文耀,姜婷,杨长征.工程机械底盘构造与维修[M].北京:人民交通出版社,2016.

[5] 刘朝红,徐国新.工程机械底盘构造与维修[M].北京:机械工业出版社,2011.

[6] 陆刚,刘波.工程机械底盘维修指南[M].北京:中国轻工业出版社,2009.

[7] 沈松云.工程机械底盘构造与维修[M].北京:人民交通出版社,2009.

[8] 唐振科.工程机械底盘设计[M].郑州:黄河水利出版社,2004.